COLOR PALETTES LIST ●

明亮通透的房间风格

以白色为基调色，配以黄色、绿色等明亮的颜色

➤ **自然**

白色、茶色、绿色

➤ **开阔感**

白色、蓝色、橙色

➤ **维生素色**

绿色、黄色、橙色

➤ **春天**

白色、黄绿色、粉色

U0247702

➤ **清新**

白色、绿色、黄色

➤ **轻柔**

蓝色、绿色、黄色

COLOR PALETTES LIST ●

轻快活泼的房间风格

亮丽的颜色和暖色（红色、橙色、黄色）的色彩组合

➤ 流行
红色、橙色、黄色

➤ 快乐
蓝色、黄色、橙色

➤ 热闹
红色、橙色、绿色

➤ 可爱
蓝色和深浅粉色

➤ 个性
绿色、紫色、黄色

➤ 轻松
白色、红色、蓝色

「室内」设计准则

［日］荒井诗万 / 著
何凝一 / 译

河北科学技术出版社
· 石家庄 ·

刷社交网站的时候，总会感叹：

『哇！这房间好漂亮！』

好漂亮！

在电视上看到房间改造的特辑时，忍不住感叹：『我好想要这样的房间！』

可是，当目光转到自己家里时——

面积狭小，

还是租的。

再说，改造也挺麻烦的。

好麻烦！

我放弃！

没关系。

我们会把有效、实用的房间改造法教给大家，毫无装修设计经验的人也能轻松掌握。

现在说放弃还早哦！

唔？你是哪位！？

前　言

　　"就算没有出色的审美品位，用现有的物品同样能打造出简约而有格调的房间"，这是本书的宗旨。

　　没有出色的审美品位也可以？不用买新物品也可以？

　　没错，不用担心。因为，改造房间有准则可循。所谓的准则就是方程式。只不过在学校里、家里，鲜有机会学到这些准则而已，所以你才不知道。

　　我是室内设计师荒井诗万，请大家听听我的故事。

　　初中时，我第一次拥有了属于自己的房间。在那之前我都是与弟弟住在同一个房间，所以这件事足以让我欢欣雀跃。怎么摆家具？用什么装饰房间？

　　那种激动的心情，我至今仍记忆犹新。

　　高中时，我用压岁钱买了一块自认为非常漂亮的民族风地毯织物，还把朋克乐队的海报、跳蚤市场淘到的老式打火机放在房间里做装饰。现在想来，那真是谜一样的室内装饰风格啊！就算别人想要恭维，也绝对说不出"你的品位真好"这句话。不过，

从那以后我一直都热衷于变换房间的样子。

时光流逝，大学毕业后我在一家设计事务所担任秘书。某天，我突然觉得自己还是想从事与室内设计相关的工作，于是又回到学校。之后，我便全身心地扑在室内装饰设计上。除了刻苦学习，一次又一次的失败也让我积累了不少经验。

我的职业生涯从"帮朋友选择一把椅子"开始。我现在的身份是自由室内设计师，参与过的项目已经超过 150 个，包括私人独栋宅院和公寓的装饰、改造等。另外，我还在室内装饰设计学校和大学担任讲师。通过在家开设室内装饰的课程、举办各种形式的工作坊，迄今为止，已向 4000 多人传授了室内装饰的相关知识。

与无数人交流过之后，我深深地感到：那些觉得"我没有出色的审美品位，所以没办法把房间装饰得漂亮"，并为此而放弃的人不在少数，实在是非常遗憾。

说到这里，我想让大家记住一件事。那就是，生来就具有出色审美品位的人根本不存在。即便是从事这份工作的我，也不敢说以前就具有出色的审美品位。

再回到刚才所说的我第一次拥有的独立房间。怎么看都觉得当时的装饰差那么一点吧？这是理所当然的，因为当时根本不知道任何设计准则。

正如我在文章开头提到的，改造房间确有准则可循。掌握这些准则后，任何人都可以轻松地将房间改造得简约而有格调。

如果你认为审美品位是与生俱来的，那就大错特错了。甚至可以说，刚开始最好没有任何审美品位。

没有先入为主的观念，才能更快地吸收理解准则。越是不知道的人，接受能力越强，往往越能让房间产生翻天覆地的变化，让人怀疑是不是走错了房间。

了解准则还有许多好处。

尽量不花钱，这一点会渐渐地成为习惯。

认为"室内设计会花钱"的人觉得，如果要提升房间的品位，就必然要花钱。这其实是一种成见。熟悉准则之后，不用花钱也能让房间焕然一新。

看完这本书，我希望越来越多的人都能感受到房间改变带来的感动。

希望每个人都能意识到：在家里度过的时光，才是最奢侈的时光。

家是映照自己的镜子，房间发生改变，人自然也会随之改变。

好了，一起来改造史上最棒的、属于你自己的房间吧！

contents

目 录

第3章 让不同空间变得更加简约而有格调的准则

 第4章 零失败的购物秘诀

第 1 章

什么是简约而有格调的房间

为什么房间的改造那么难？大家的问题我都会一一解答。

其实，大家都不知道该怎样装饰房间

"关于房间布置，你有什么烦恼吗？"

每当听到这样的问题时，大部分人都会这样回答：

"什么烦恼？怎么说呢……反正就是差那么一点。"

我继续询问差哪一点，理由又是什么时，得到的回复是："嗯……我也说不清楚，就是总感觉还差那么一点。"然后又补充说道："我知道房间总是差那么一点，但不知道到底该怎么办才好。"

想要跟家人一起看电视，想要打游戏，可是房子空间狭窄，没办法随心所欲。

买了一幅自己喜欢的画，想用来装饰房间，可是总觉得风格不搭。

很多人都有改造房间的愿望，但具体说到要怎样改造时又模糊不清。**大部分人最终什么都没有做，房间还是维持原来的模样**。这就是现实。

在杂志和网络上的房屋改造中，经常能看到这些话：

"要根据生活方式来改造房间！"

"记得统一风格！"

"先想象一下自己理想的房间是什么样。"

老实说，这些都属于高级技巧，对于从未考虑过改造房间的人来说，我觉得难度非常大。

说到底，生活方式究竟是什么？到底怎么做才能统一风格？理想的房间又是什么样的……这些问题应该也有人答不上来吧。

我长期从事私人住宅的室内设计工作，在许多场合都谈到过房屋改造的话题。在我看来，大多数人的真实感受是：

总觉得房间差那么一点，但又不知道究竟该怎么做。

解决这个问题其实非常简单。

相比于说房间"差那么一点"，我觉得用"乱糟糟""不协调""寡淡"等词语来表达或许会更合适。

► "总觉得"是造成所有问题的原因

很多人都深陷于"房间就是差那么一点"的烦恼。这其中有共同的原因，大家认为是什么呢？

原因就是"总觉得"。

举个例子，以下是我和一位客户的对话。

我："这件装饰品为什么要放在这里呢？"

客户："嗯……总觉得应该放在这里。"

我："为什么选择这张桌子呢？"

客户："总觉得它还不错……"

没错，这就是模棱两可的"总觉得"给人的感觉。它才是"房间差那么一点"的罪魁祸首。

用"总觉得"来解释自己摆放家具和装饰品的原因，这无可厚非。

毕竟，没有人教过大家改造房屋的方法。既然不知道，只有靠感觉来判断了。

举例来说，客厅的组成部分包括沙发、电视柜、窗帘、地毯、靠枕、小物件、墙壁装饰画、观叶植物等。在任何人的家中都能看到这些东西，绝不是什么稀有之物。可是，为什么房间看起来始终还是差那么一点呢？原因仍旧在于"总觉得"。

总觉得应该有电视柜。

总觉得应该有沙发。

总觉得应该有装饰画。

所以，房间整体才会呈现出"总觉得差那么一点"的感觉。

➤ 让所有房间变得简约的方法

本书会向大家介绍 20 条让房间变得简约的准则。也可以将这 20 条准则称为不再靠"总觉得"来判断的方法。

改造房屋的准则放在数学和化学领域，就好比是法则、定理和公式。正因为这些是普遍存在的规律，所以适用于任何情况。即便是面对复杂混乱的问题，依靠这些准则也能帮你理出清晰的设计思路，找到最终的答案。

掌握准则有以下几点好处：

❶避免失败

避免反复重来，重蹈覆辙，让改造房屋成为一件轻松快乐的事。

❷避免浪费时间

减少用于尝试布置、装饰的时间，短时间内提高审美品位。极简风可以大大缩短收拾和打扫房间的时间。

❸减少无用的开销

能够清楚地找到适合房间的物品。知道什么东西该买，什么不该买，减少无用的开销。能够理智地做出判断，如"这东西很可爱，但不适合我们家"。

❹减轻压力

通常来说，物品和颜色杂乱的房间会传递出太多的信息，容易让人疲劳。房间收拾得简洁清爽，精神上也会更加放松。

❺有信心邀请客人到家里

可以从容地随时邀请客人到家里来。邀请客人到家里对提高自己的信心也有所帮助。

掌握准则后再尝试个人风格

相比依赖感觉，最好先从遵循准则开始。

"那样不就失去了个人风格吗？"

"我想让房间更有个性！"

"准则什么的，太麻烦了！"

你可能会有这样的反应。这些心情我都理解。

听从自己的感觉，按照喜欢的方式放置喜欢的东西，完全不受准则的束缚，如果这样就能令你满意那当然也可以。

可是，你对现在的房间 100% 满意吗？

如果答案是否定的……

按照感觉、个性、自由的标准来改造房屋，我认为这恰恰是房屋无法令你满意的原因。

　　如果你觉得现在的房间总是差那么一点，就不妨先试试按照基本的准则来设计房间，之后再考虑突出个人风格。

　　因为掌握基本的准则后，自然会流露出个人的风格。

　　做菜也是同样的道理。正因为掌握了基本的做法，才能在此基础上进行改良。

　　音乐也是如此，熟悉主旋律之后才能加入和声。

　　一种是无视准则，主打个性；另一种是在掌握准则的基础上，展现出个性。两者截然不同。

　　任何领域都有将自己的风格做到极致的天才，但这毕竟是极少数的例外。对于大多数人来说，一味追求个性，一般都不会太顺利。

　　房屋改造同样如此。先按照准则一步一步来，在准则的基础上加入变化，展现个性，这才是最有效率的。最终，也许还能开辟出一条属于自己的改造房屋的捷径。

不存在条件不允许改造的房间

"就算准则很重要，但我家的客观条件根本不允许那样改造。"

这样说的人不在少数。

大家有各种各样的困难，比如房间太小、房子是租的、家里有孩子等。

迄今为止，我见过无数的住宅，每家的成员构成、房间大小、整体布局等条件都不尽相同。而且，室内装饰的喜好、品位也存在着不小的差异。

但是，不管什么样的房间都可以改变，无一例外。

前阵子，我拜访了一位客户，当我提出改变一下房间的样子时，他将信将疑地说："估计我们家不会有什么变化。"

但按照准则试过之后，他欣喜地告诉我："哇，完全不一样了！明明什么东西都没买，却能产生如此大的变化。"

之所以觉得自己家不会有什么变化，其实大多数都是因为一些先入为主的想法。我给大家举一些常见的例子。

例子❶ 房间太小

"我们家的房间特别小……"

这是绝大多数人都面临的烦恼。

时尚现代的房间必须要大，这就是先入为主的想法。在我看来，狭小的房间同样可以看起来很宽敞。

比如，可以把相对高一些的家具放到近端，矮一些的家具放到远端，利用远近法让房间产生纵深感，房间看起来就更大。只要像这样稍微花一点工夫，视觉上就会让房间看起来更宽敞。

况且，大家总是异口同声地说"房间太小了"，那究竟多大的房间才算合适呢？归根到底，理想的房间并没有标准的宽敞度。相反，狭小的房间只需几件物品就能带来变化，这样不是更节约成本吗？

例子❷　租房

"这是租的房子，还是算了吧。"

我也经常听到这种声音。

"那您有买房子的打算吗？"当我继续询问时，通常得到的都是"没有，目前还没有考虑"或"以后会买吧"等含糊不清的回答。

难道没有具体的买房计划，就要将就着过着妥协的生活吗？其实，即便是租的房子也有很多事可以做。

例子❸　不想花钱

家里的样子通常不会让别人看到，所以不想花太多钱在装修改造上。

这是许多人的心声。

与衣服不同，家具、灯饰的价格都非常昂贵。一旦选择失误，自己也会深受打击。不过，本书所介绍的准则，每一条都是用"现有的物品"即可实现，就算需要购买，也是本着少花钱的原则向大家推荐。

另外，似乎每家都有那么几件宝贝装饰物，不用专门购买，只用它们就能让房间呈现出完全不同的效果，与改造无异。只是大家完全没有注意到，所以没有活用起来而已。我最近遇到许多室内设计的案例就是如此。环顾四周，很多家里都有漂亮的灯饰和装饰画，却完全没发挥作用。只要变换一下现有物品摆放的位置、装饰的方法，就能给人焕然一新的感觉。

例子❹ 家里有小孩、有宠物

"因为家里有小孩……"

"家里有猫，所以不想摆什么装饰品……"

我也遇到过不少这种一脸无奈的客户。

的确，一旦家里有小孩或宠物，玩具和宠物用品都会增加，房间离美观整洁也会越来越远。

不过，只要掌握收纳的准则，很快就能找到诀窍，把不想让人看到的东西巧妙地藏好，避免让房间变得杂乱。

　　总之，请相信我，现在放弃还为时过早！

什么样的房间才是简约而有格调

"简约"的意思是简单而不失格调。我认为简约的房间也可称之为"时尚的房间""有品位的房间"。

"简约的房间"到底是什么？

关于这个问题，以我多年的室内设计经验来看，答案是：

想展示的物品能清楚看到的房间。

与之相对立的，总是差那么一点的房间则是：

不知眼睛应该放在何处的房间。

进入客厅的一瞬间，人的目光所及之处非常清晰，比如，"啊，好漂亮的花！""沙发看起来好舒服"。

这才是简约的房间。

另一种则是进入客厅之后，物品太多导致眼花缭乱。或者是物品太少导致视线游离。像这种让人不知道该把眼睛放在何处的房间，都属于差那么一点的房间。

► 只要抓住人的视线就好

那么，怎样做才是"想展示的物品能清楚看到的房间"呢？

关键在于视线。

比如，对进入房间后第一眼看到的空间进行装饰。这样视线就会集中在一个地方，无法顾及其他东西。

另外，相比于在房间内塞满家具，适当留白反而会让房间看起来更宽敞。

不要胡乱进行装饰、摆放物品。
应根据视线位置进行装饰、摆放物品。

这是打造简约房间最有效的方法。详细内容我们会在第 2 章与大家分享。

迷茫的时候就从玄关开始

看到这里，如果你能够萌生出"这样看来说不定我也可以"的想法，那我会感到非常开心。

不过，问题来了：

"究竟从哪里着手好呢？"

你心里也是这样想的吧？

建议将玄关作为最先改造的地方。

理由在于，这里的空间比较狭窄，不用花费太多时间，很快就能看到变化，而且，即使失败也可以立刻重来。先改造玄关，更容易让人产生动力。

另外，玄关是客人来到家里最先经过的场所，换句话说，玄关就是"家的门面"。

搬动沙发、桌子等大件家具，改变客厅的布局，这些都会麻烦一点。

但玄关处只须收拾一下鞋柜、换一换陈列的东西即可，不但难度会降低不少，还能省下时间和精力。

玄关是每次进出时都会看到的地方，是连自己都能切实感觉到"果然有变化"的地方。

所以，当你想试试改造房间的准则是否有效时，不妨先从玄关开始吧！

一旦玄关的印象得到改变，接下来就会忍不住想试试客厅、餐厅、卧室和其他房间了。

一点一点慢慢来，不要操之过急。

房间改变之后，你的心情也会随之改变，在家里的感觉会更加轻松愉快。一定要用心感受这样的变化哦！

20 条准则，打造简约而有格调的房间

掌握这些准则后，无须购买任何物品，用现有的东西就能让房间变得简约而有格调！

01

RULE

改变房间印象的法则

入口的对角处摆放何物，决定了房间的印象

对角线方向是从门口能看到的最远的地方，这里的摆放决定了房间的第一印象。

如果因为房子是单间、面积太小、暂时租住等理由而放弃打理房间，那损失可就太大了。

我常年从事室内设计工作，因此可以断言：能否打造出简约的风格，与所住房间的条件并没有关系。正如我们在第 1 章提到的，有些共通的准则可以用于任何房间的改造。从第 2 章开始，我们会向大家详细介绍用现有物品打造简约风格房间的准则。

第一条，可以说是重中之重，即要有意识地注意到入口处的对角线。

打开房间门时，"最先看到什么"决定了整体的印象。

因此，摆放家具、小物件的时候要特别留意房间入口处与最远端形成的对角线。

为什么是对角线呢？答案藏在人的视线里。

大部分的房间都是方形，进门处的对角方向通常都是人从入口处可以看到的最远的地方。**当一个人进入某个空间后，会下意识地看向最远的地方。**这是他在用自己的本能判断此处是不是能放心地留下来，同时判断房间的宽敞度和状况如何。

正因如此，一眼看到的空间决定了房间的一切。反过来说，只要把这里打理好，房间给人留下的印象就是整齐干净的。

所以，要把**房间的主要物品**放在这里，非主要的物品都从对角线上挪开。

多半家庭都不会注意到这条对角线，这造成了极大的浪费。我以前去过一个客户家，打开客厅门之后，对角处竟然放着做引体向上的器械。明明家是让人放松休息的地方，却设计得像个健身房一样。

那么，入口的对角处可以放什么物品呢？下面这些物品都可以作为备选。

•大型观叶植物
•装饰画或照片、海报、明信片
•杂货
•沙发和靠枕

 POINT!

在入口的对角线处摆放想展示的物品

进入房间后，最先映入眼帘的物品决定了房间的印象

进入房间后，我们最先看到的是对角线方向，所以要利用好视线所及的空间。将房间内想展示的物品放在这样的"焦点区域"，这是最有效的方法。死角没必要装饰，因为再怎么装饰也不会引起人的注意。

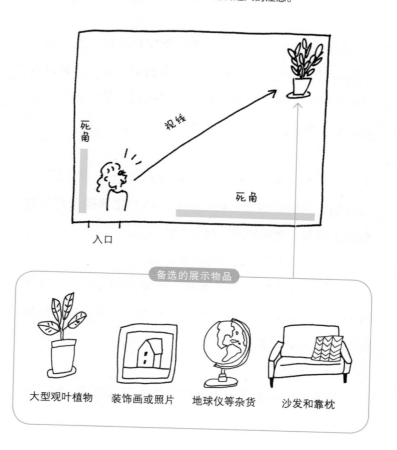

大家的房间是什么样的呢？打开门之后映入眼帘的是什么东西？

请再次回想一下，入口的对角线上都放了些什么东西。

父母送的自己不太喜欢的收纳家具、自从搬家后一直放在那里的纸箱、结婚前就在用的塑料架……如果入口的对角线处被这些很难称之为"主角"的东西占据，那就要注意了。

"现在才挪，好麻烦""放在那里已经习惯了"，这样的想法同样屡见不鲜。可是，**一旦把那些东西从对角线上挪开，房间的感觉就会截然不同**。

从对角线上挪开的东西要放在哪里呢？

可以移动到看不到的死角。就算是稍显零乱地放在非对角方向的角落或沙发侧边的死角，只要不是特别显眼，就不会引起客人的注意。

其实，这条准则对于不擅长整理的人来说，同样是一个好消息。

　　巧妙地运用死角，将对角线上的东西收拾整齐，有意识地放置一些物品，就能让房间看起来清爽不少。

　　这样一来就不用硬逼着自己把房间的每个角落都收拾得干干净净。如果有客人突然拜访，这条准则也能派上用场。

02

改变房间印象的法则

▼

制造一个让视线集中的场景

不知道眼睛该看哪里，是房间让人『总觉得差那么一点』的主要原因。

由于工作的关系，我见过各式各样的房子，最先被主人带到的地方往往都是客厅。

那些"总觉得房间差那么一点"的客户，他们的房间都具备两个特征。我们一个一个来看。

❶乱七八糟的房间

第一种让人"总觉得差那么一点"的房间是：房间不论怎么打扫，看起来仍旧乱七八糟。

比如，墙壁上挂着孩子身穿漂亮裙子的照片，或者是书法作品，亦或是不记得何时就已挂在那里的褪色海报。架子上放着别人送的伴手礼、舍不得扔掉的名牌包装盒，书和杂志随处都是。有的客厅还会用写着全国地名的灯笼进行大面积装饰。

像这样把五花八门的东西随意摆放在各个角落，会让房间的颜色显得杂乱、刺眼，无形中就变成了"**眼睛不知道看哪里好**""**让人无法放松**"的房间。即使打扫得再干净，也无济于事。

❷缺少生趣的房间

第二种让人"总觉得差那么一点"的房间是：毫无生趣的房间。

有的客户说："我不喜欢把东西摆出来，所以全都收了起来。不知道是不是这个原因，房间变得很冷清。"

等我实际到他家一看，房间确实收拾得干净又整齐。但总感觉有点空寂，少了些什么，还会让人觉得冷清、了无生趣。

在我遇到的设计案例中，像这种整洁但缺少温馨感的房间不在少数。

"乱七八糟"和"缺少生趣"，这两种类型的房间乍看之下完全相反，但其中不乏共同点。

两者都是眼睛不知道该看哪里的房间。所以目光才会四处游离，心情没办法完全放松下来。

解决这一问题的准则非常简单。

那就是在任何房间内都制造出"焦点"（展示位置）。只须注意这一点，就能让房间的印象完全改变。

所谓"焦点"是指视线集中的地方。

让视线集中到一个地方，其他地方就算稍微乱一点也不会引起注意。**这与拍照时将焦点对准一处，虚化周围景物的技巧相同**。另外，在眼睛不知道看向哪里的房间内，将应当让客人看到的东西清晰地呈现出来，客人的安全感也会随之而来。

让人感到绝佳的酒店或餐厅肯定都有焦点。观察一下，入口处的正面是不是有大面积的绘画或者花朵做装饰，立刻就吸引了你的视线？

时尚也是如此。如果上下衣服都是灰色的会怎么样呢？虽然看起来清爽自然，但给人的印象过于素雅，少了一些颜色。如果加上红色的腰带、金色的耳环和项链等作为点睛之笔，就能抓住人的视线。这种搭配可以让造型看起来更时尚。

在房间内制造焦点也有异曲同工之妙。

POINT!

制造一个展示位置

- -

BEFORE
乱七八糟的房间

物品杂乱，视线不
定。人待在房间里，
心情没办法放松下
来，一直处于紧张
的状态。

▼

AFTER
制造出焦点（展示位置）的房间

有意识地制造出让
视线集中的地方，
把应当让客人看到
的东西清晰地呈现
出来，房间风格统
一。其他地方就算
稍微乱一点也不会
引起注意。

试着在房间里制造一个焦点（展示位置）吧。

如果是客厅，按照**准则 1** 所述，入口对角线方向的空间是最佳的选择。将视线集中到房间的最远端，突出纵深的同时，让房间看起来更宽敞。

用观叶植物、装饰画、照片装饰一下看看效果吧。除此以外还推荐可撕型的墙纸。仿照动物、森林制作的各种图案的墙纸，可以在网店和实体店轻松购买。

刚开始只要选择一个区域，确定好这里是焦点之后，就可以把自己喜欢的物品展示出来。

03 RULE

让房间看起来更宽敞的法则

▼

将矮家具放到远端，利用错觉让房间看起来更宽敞

正确摆放家具，能让现在的房间看起来更宽敞。

"我想让房间看起来更宽敞。"

每个人都有这种想法。

尤其是像客厅和餐厅这种用于招待客人的空间。主人都希望朋友能觉得这里是"明亮的""宽敞的"。

既然房间的大小没办法改变，为什么有的房间看起来宽敞？有的房间看起来狭小？同样的面积、同样的布局，可有的让人感到开阔，有的让人产生压迫感，大家觉得不同之处在哪里呢？

"能不能抓住视线"是问题的关键所在。

当客人发出"这个房间好宽敞"的感叹时，他的视线往往会穿过整个空间直达最远端。相反，让人感到狭小的房间，通常都是因为视线停留在房间的近处或中央。

因此，家具的摆放就变得尤为重要。同样的家具，摆放方式不同，视线的落脚点也不一样。

诀窍在于**将高一些的家具置于近端，矮一些的家具**

置于远端。在没有遮挡物的情况下，客人就能看到房间的最远端。换句话说，我们可以利用眼睛的错觉营造出纵深感。绘画中将这种方法称为"远近法"。将近处的物体画得大一些，越往远处推进，物体越小，以此来表现出纵深。

餐具柜和书架这类较高的家具尽量放在入口附近。然后将小一些的柜子、沙发等矮家具放在房间的远端。

很多楼房的最远端都会有窗户。放置家具时，最好能让视线穿过整个空间，最终达到窗户所在的位置。

此外，颜色明亮的地板会让房间看起来宽敞一些。如果选用焦茶色等颜色较深的地板，建议铺上一块白色、米褐色或浅灰色的大地毯。尽量扩大浅色所占的面积，这样会让房间看起来更大。

POINT!

将矮一些的家具放到远端

视线穿过整个空间，让房间看起来更宽敞

将高一些的家具放在近端，矮一些的家具放在远端，这样就能让人一眼望到房间的最里面。利用眼睛的错觉，让房间看起来更宽敞。

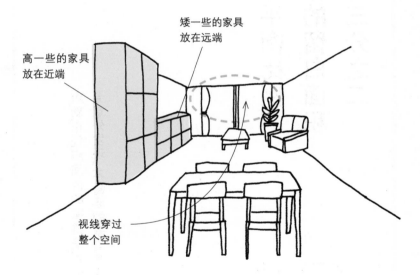

矮一些的家具
放在远端

高一些的家具
放在近端

视线穿过
整个空间

04 | RULE

让房间看起来更宽敞的法则

▼

占到三分之二
地板的留白面积
最佳平衡比例：

重新审视房间内的家具是否必要，你会意外发现，不需要的家具其实很多。

家具过多的房间总是会给人死板的印象。

以地板面积作为参考对象，大家认为家具占多大的比例合适？

我的答案是：家具占到总面积的三分之一就好。也就是说，**最好确保三分之二左右的地板都空出来**。另外，碗柜、书架等收纳家具都要贴着墙边摆放。房间的中央空出来后，地板的面积看起来会更大。

要做到地板留白，最有效的方法就是：不要轻易增添家具。毋庸置疑，家具少的房间看起来更宽敞。

"这我当然知道……"很多人都会这样说。

"可是客厅必须有沙发""餐厅通常都会有餐桌""沙发前必须有茶几"……如果你也抱有这些想法，那就要注意了。因为，必要的家具因人而异，并没有一个统一的标准。

先来回想一下，你是如何在房间内度过一天的？我们以客厅、餐厅为例来看。

•客厅派

吃饭占用的时间很短，喜欢长时间窝在客厅的沙发里。招待朋友时也是在客厅开怀畅饮，边吃边聊。

➡选择小巧型的餐桌。相对地，沙发要大一些，可以选择能伸直脚、横躺下来的组合式沙发。

•餐厅派

指经常用到餐桌的人，自己会在这里办公，孩子会在这里写作业。平时会一边品尝美酒，一边慢慢地享受晚餐，饭后还会坐在这里看电视。

➡选择宽大的餐桌。另外，还可以选择能够坐在沙发上吃饭的矮餐桌，或者是适合餐厅用的沙发。这样就能将吃饭和休息的空间合二为一。

只要回想一下"每天的生活如何度过"，也就清楚哪些是必要的家具，哪些是不必要的家具了。不必要的家具尽可能地选择小尺寸，或者干脆省去，房间看起来自然就会更宽敞。

POINT!

回想一下，你在什么地方度过的时间更长？

客厅派

如果喜欢长时间窝在客厅的沙发里，就可以选择大一些的沙发。推荐可以让脚伸直的组合式沙发。相对地，把餐桌换成小巧型的。

可以让脚伸直的组合式
沙发

小巧的餐桌

餐厅派

如果你在办公时和孩子学习时经常会用到餐桌，那就选择大一些的餐桌。有些沙发同样能放到餐厅，将用餐和休息一体化。

宽大的餐桌

可以用于休息的餐厅沙发

提升房间好感度的法则

▼

千万不要错过
130～150cm
的观叶植物

观叶植物能在最短的时间提升房间品味，堪比魔法。

　　"如果要用一件物品让房间显得更有品味，你会选择什么？"面对这样的问题，我会毫不犹豫地推荐观叶植物。

　　因为，观叶植物与任何风格的房间都可以搭配，而且具有生命力的东西往往能起到治愈的作用。有了植物，乱七八糟的房间就像是被注入了一味清凉剂。对于东西少、略显死板的房间来说，植物能带来不少生机。

　　可是，"不知道该放在什么地方""种类太多了，选哪一种好""担心能不能养活"……像这样拿不定主意的人也不少。接下来，我们就来——解答这些顾虑和疑问。

·放置观叶植物的最佳场所

　　观叶植物适合放在房间的角落和留白的地方。如果是需要放在地面的高大植物，本身就具有存在感，可以用来做房间的"主角"。放在房间入口对角线方向的最远端，即**准则 2** 提到的焦点（展示位置）。

不会出错的大小

观叶植物的大小不一，从放在地面上的高大型植物，到可以放在桌子上、书架上的小盆栽，各种类型应有尽有。最开始可以先尝试下小盆栽，不管是飘窗、电视柜还是架子，任何地方都可以摆放。

放在地面的植物高度一般在 130 ～ 150cm。如果天花板较高、房间宽敞，180cm 高的植物也没问题。不过，如果房间的面积在 $12m^2$ 左右，130cm 上下的植物正好合适。

容易种植的品种

榕树和绿萝都很容易种植。叶子呈心形的爱心榕，枝干笔直、叶子硕大的发财树都非常受欢迎。

另外，仙人掌也值得推荐。懒得浇水的人倾向于水耕栽培、无土栽培的空气凤梨，这种植物最近的人气越来越高。

POINT!

拿不定主意的时候就用植物来装饰

不会出错的大小

放在地面的植物，高度一般在 130 ~ 150cm。12m² 左右的房间选择高 130cm 左右的植物正好合适。

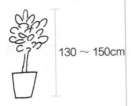

130 ~ 150cm

用于装饰天花板和墙壁

巧妙地利用悬挂式吊篮，马上营造出简约清新的风格。市面上还有许多装饰墙面植物的辅材。这些与垂叶植物都是绝配。

容易种植的品种

尤其是榕树、绿萝，非常容易养活，推荐给新手朋友。
爱心榕的样子惹人怜爱，发财树笔直的茎干看起来精神帅气。

人参榕

绿萝

爱心榕

发财树

•用于装饰天花板和墙壁

"家里有小孩和宠物，绿植不能放在地上""放在地上会显得房间更小"，建议有这些顾虑的朋友应该将天花板和墙壁巧妙地利用起来。

市场上有不少悬挂式吊篮和装饰墙壁植物的辅材，可以让观叶植物直接挂在墙上，看起来就像一幅画一样。

常春藤、多肉"佛珠"垂下来的样子漂亮清爽，非常适合悬挂起来。

•总是会把植物养死的人

有的客户说"我连仙人掌都会养死"，这种情况可以尝试用仿真绿植进行装饰。仿真绿植的种类也非常丰富，我家里就有不少这样的装饰，也曾向客户推荐过这一方案。很多商店都在售卖仿真绿植，价格差异较大，但价格便宜的商品不管是颜色还是质感，看起来都太失真了。我还是坚持推荐稍微贵一点、品质更好的商品。

用仿真绿植装饰，关键在于不要买回来就直接用，先调整一下叶子的铁丝，这会让植物看起来更自然。

另外，仿真绿植虽然不需要照料，然而，一旦灰尘堆积就会突显出仿制感，所以要勤于擦拭叶子。

总之，如果你不知道到底用什么东西装饰房间，就先从摆放一盆植物开始吧。

06 | RULE

提升房间好感度的法则

▼

明智的选择

三个靠枕是最

靠枕是有格调的房间必不可少的单品。

诀窍在于，随着季节变换，可以随时更换枕套。

一说到改造房间，总是会听到各种犹豫的声音，"不想花太多的钱""挪动家具好麻烦""改造之前还得打扫"……这些心情我都理解，不想花钱、嫌麻烦对每个人而言都是一样的。

除了观叶植物之外，我再向大家介绍另外一种打造简约房间的家居好物。

那就是靠枕。

窗帘和沙发套不仅贵，换起来还花时间。但如果是靠枕，难度是不是瞬间降下来好多？靠枕芯可以继续使用，只需更换靠枕套就行。可以说，靠枕是一件**能够根据季节、心情随时更换的实用单品**。

最重要的是，客人看到之后会被它吸引，很容易得到夸赞哦。

我非常喜欢靠枕，每当想到要如何搭配不同颜色、图案、材质的靠枕时，就会激动不已。家里每年都会在春夏、秋冬分两次更换靠枕套。下面，我们就来看看使用靠枕搭配时的要点。

•靠枕的个数很有讲究

翻开国外的室内设计杂志，沙发上的靠枕多到让人没有地方坐。

其实完全用不着那么多，**靠枕只要3个，最多5个**就可以了。

沙发左右两侧按照2：1的比例摆放（共计3个）。或者是按照3：2、4：1的比例摆放（共计5个）。沙发远端的数量多一些，进门看到时才会让人产生安全感。

为什么是3个或5个呢？这是因为奇数会给人活泼的感觉。如果是偶数，同时又选用左右对称的方法摆放靠枕，会给人呆板、生硬的印象。客厅是用于放松的空间，左右不对称的摆放方式有种慵懒感，更为沉静舒适。

•其中的1个靠枕选择有冲击力的图案

3个靠枕中的两个都可以选择白色、米褐色、灰色、茶色等基础色。剩下的1个试着换成稍微具有冲击力的颜色吧，或者加入图案元素也不错。这样一来，房间马上就变得俏皮起来。

POINT!

选用 3 个靠枕

BEFORE
只有 1 个靠枕

1 个靠枕有点孤单，而左右对称的摆放方式又会给人呆板生硬的印象。

▶ **AFTER**
沙发的左右两侧按照 2:1 的比例摆放

左右不对称的摆放方式有种慵懒感，更容易让人放松。

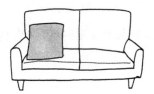

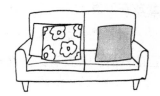

其中 1 个靠枕选择有冲击力的颜色

3 个靠枕中的两个都可以选择白色、米褐色、灰色、茶色等基础色，剩下的 1 个选择有季节感或冲击力的颜色，让房间俏皮起来。

每次换季时，尽量更换枕套，通过靠枕的变化营造出季节感。靠枕会与肌肤直接接触，因此大家在挑选枕套时不仅要注意颜色，还要考虑到材质。比如，春季适合亲肤的棉、夏季适合凉爽的麻、秋季适合柔软的天鹅绒、冬季适合温暖的羊毛。

一般的靠枕尺寸都是 40cm×40cm、45cm×45cm，小一点的尺寸为 40cm×30cm。**加入一个小一点的靠枕，叠放在沙发上**，立马会让人觉得"哇，好有品味"。

通常在家居店就可以购买到靠枕，很多品牌也有自己的网店，大家可以上网看一下。

这里还有几句题外话。

日本的设计中喜欢融入左右不对称的理念。相比于左右对称，强调错落平衡的左右非对称设计，更能让人感到舒心和惬意。这应该是日本人的独特感性吧。

欧美的建筑物，像是凡尔赛宫及其庭院，都是采用一览无余、规整的左右对称设计。而日本的庭院和地面之间多采用左右不对称的设计，错落有致方显美感。

　　微妙的错位感反倒能抓住人心——或许这与日本"粹"的审美意识有关吧。

07

提升品位的装饰法则

▼

采用三角形法则，一分钟搞定小物件的摆放

如何让家里的布置突显品味，这同样有准则可循，以后再也不怕买小物件了。

064

在杂货店一眼看中的摆设、精致的花瓶、旅行时发现的可爱小物，这些东西不在少数。好，那来装饰看看吧！全部摆在一起，才发现根本不搭。单独拿出来每个都特别可爱，但放在一起之后却没有统一感，跟在店里看到的样子完全不同。类似的事情你是不是也经历过？

把物品摆放得好看确实是一门学问。到底怎么做才好？实际上，这也是客户经常询问我的问题之一。

用小物件突显设计品味的准则就是：要有意识地将它们摆放成三角形。

重点：
❶**选择"较高、中等高、较低"的三件物品。**
❷**将这三件物品摆放成三角形。**

像这样摆放物品，调整好平衡，就不会出错。
选择高低不同的物品是让整体能够呈现出三角形的关键。同样高度的物品摆放在一起，缺乏立体感又显得死板。
再漂亮的小物件，都**不能随意横着摆放**。那样既单调无趣，还会给人乱七八糟的印象。

另外，**不能只用一件物品装饰**。

只有一件物品不仅看起来唐突，还有种孤零零的感觉。装饰时，三件装饰物是最好的选择。

理论说完了！可是要用哪些物品构建三角形呢？大家肯定会有这种疑问吧。下面向大家推荐三种物品。

它们分别是**花瓶、相框、小物件**。

三角形的顶点自然是最高的花瓶，高度排第二的是相框，最后是小物件。将这三件高中低的物品组合起来，就是完美的三角形。

另外，先选定一个主题，再来决定物品会比较容易。既有统一感，又突显品味。

下面是一些主题和构建三角形的例子，供大家参考。

POINT!

将高低不同的三件物品摆成三角形

- -

BEFORE

孤零零的感觉、看起来乱七八糟

只有一件装饰物，看起来孤零零的，
放太多又会显得混乱无序。

▼

AFTER

只需有意识地摆放成三角形就好

像画三角形一样摆放物品，看起来更具统一感。
这样摆放绝不会出错。

•旅行主题

➡如果是去法国旅行。高：烛台；中：装有旅行照片的相框；低：埃菲尔铁塔摆件。

•春之主题

➡高：插着淡粉色鲜花的花瓶；中：装有樱花明信片的相框；低：蝴蝶摆件。

•大海主题

➡高：灯塔类的摆件；中：装有贝壳的瓶子；低：蓝色的玻璃烛台。

•万圣节主题

➡高：橘色的花；中：鬼怪摆件；低：小南瓜。

•圣诞节主题

➡高：烛台；中：红色和绿色的花束；低：圣诞老人摆件。

到别人家做客时，如果一进门就看到这样的摆设，客人应该会很开心吧，因为能感觉到主人的用心布置。

试着将家里的小物品都摆放成三角形，看看装饰效果吧！

08

提升品位的装饰法则

▼

只要将三件同样
的物品摆放在一
起就好

明明只是把同样的物品摆放在一起，气氛却一下子就改变了。『三』是具有魔法的数字。

准则 7 中我们介绍了利用**三角形法则**，让小物件突显设计品味的方法。

可能有的人会说"我不擅长思考如何组合搭配""我们家没有精致的花瓶"。

在此，我要向大家介绍一种比"**三角形法则**"更简单的法则——用三件同样的物品进行装饰。

"三件"尤为关键，因为一件物品会显得孤零零，而两件物品对称摆放又太过规整。只有在**用三件同样的物品装饰时，才会在无形中产生一种节奏感**，让装饰看起来生动不死板。

比如，购买小花瓶时，记得相同的款式务必要购买三个。另外，墙壁上的饰品也请准备三件。

以画为例，一幅尺寸较小的画挂在墙上多少有些单调，但选用具备主角色彩的大型绘画，同样需要极大的勇气。很多时候，墙面装饰可能就在犹豫中不了了之。

假如要挂上两幅画，通常采用左右对称的方式，这样虽不失平衡感，能让人感到心安，但不免有些严肃和死板，一般人都希望家里能够显得轻松随意一点。

事实上，墙上最适合挂三幅装饰画。你可以将 A4 大小或明信片大小的三幅画摆放在一起试试看。

　　你可以从杂志上剪下来喜欢的图片，也可以选择明信片或者是孩子们的绘画作品。随着季节变化，你还可以定期更换装饰画内容。

　　"如何排列""摆放什么物品"类似于这样的难题都不用考虑。**你只需准备三件大小相同的物品，并列放好即可**，如此简单的一个动作，就能提升房间的格调。

 POINT!

摆放三件同样的物品

BEFORE
用一件或两件同样的物品装饰

一件物品会显得孤零零。
两件物品左右对称摆放，又太过严肃和规整。

AFTER
用三件同样的物品装饰

无形中产生一种节奏感，完全不用考虑选择什么物品、如何摆列，
算得上是最简单的装饰方法了。

提升品位的装饰法则

▼

将五花八门的物品，按照颜色或材质进行分类

即便是看上去风格迥异的物品之间，只要找到统一感，放在一起也不会出错。

  虽然我们已经介绍了**三角形法则、摆放三件同样物品的法则**。可是，很多人家里的东西本来就挺多，什么类型的物品都有，而且买的时候完全没有考虑到要怎么用，所以根本不知道要如何把这些东西组合起来。

  此时，我们可以将这些物品**按颜色、材质进行分类**。

  按照颜色将物品分成白色、茶色、绿色等几大类。
  按照材质将物品分成木头、玻璃、金属等几大类。

  然后我们再对分类后的物品进行装饰，看看效果如何。
  如果此时你能够想起**准则 7 的三角形法则**，有意识地挑选出三件高低不同的物品放在一起，就能更加突显出装饰整体的平衡感。

  另外，把材质相同的物品集中起来，再按颜色区分开，这样能进一步增加统一感。

总而言之，**找出物品的共同点**，这非常重要。

　　即使是一眼看上去风格迥异的东西，比如，日式小物件和欧美小物件，如果它们的颜色或材质相近，同样可以搭配出绝妙的统一感。

　　若能用意外的组合展现出物品的统一感，房间就会尽显格调。不过，**所谓的意外组合，其实一点都不意外，毕竟它们在颜色、材质方面都拥有共同点。**

　　另外，摆放零碎的小东西时，建议大家使用托盘。因为把小东西放在托盘里能减弱零乱感，看起来更协调。

　　大家一定要试着把手里的物品进行一次分类，说不定会有意外的惊喜哦！

 POINT!

找到共同点并进行分类

BEFORE

完全不相干的东西

照片、旅行时的礼物、日式小物件、欧美小物件、香水、瓶子……
简直是五花八门。

▼

AFTER

按照颜色或材质分组

玻璃　　　　　　　　　　照片

白色　　　　　　红色　　　　　　木质

将物品按照颜色和材质进行归类，一下就有了统一感。
找出物品的共同点，再用同一类型的物品进行装饰。

10 RULE

让房间保持一致风格的法则

▼

用三种颜色统一房间配色

只要地板、墙壁和家具的颜色一致，房间看起来就自然清爽。

6
3
1

下面我们来聊一聊颜色的运用。

颜色是至关重要的元素。

比如，不同颜色的衣服会让有的人看起来活泼、有的人看起来朴素、有的人看起来内敛。可以说，颜色影响着每个人给别人的印象。

房间也是如此。颜色过于繁杂的房间，再怎么看都会让人觉得乱七八糟，无法沉静下来。室内装饰杂志在介绍房间时会说"看起来五颜六色，又不失格调""颜色运用得既大胆又有个性"。可是，这些都属于高手的杰作，是经过无数推敲和实践的结果。

一般来说，颜色越多，房间的风格越难统一。

对于新手来说，还是先从基本的三种颜色开始吧。

房间用到的颜色大致上可以分为：**基调色（Base color）**、**配合色（Assort color）**、**重点色（Accent color）**。

三种颜色的面积比分别是：6：3：1，按此方法配色，房间看起来更具平衡感。

三种颜色的使用可以参照以下的标准：

基调色（占 60%）➡ 面积最大的颜色，地板、墙壁、天花板等。

配合色（占 30%）➡ 家具、窗帘等。

重点色（占 10%）➡ 靠枕、画、小物件等。

比如，很多房间的基调色是白色和茶色。
- 墙壁和天花板为白色。
- 地板为茶色。

这样的房间适合搭配白色和茶色的家具，以保证房间风格的一致性。

家具和地板的颜色可以不完全相同，只要是茶色和焦茶色等相近的色系就可以。

另外，有的人会问，观叶植物是否也算一种颜色。实际上，**观叶植物的绿色属于自然色，与任何颜色都可以搭配**，不包含在三种颜色里。

POINT!
让房间风格保持一致的三种基本颜色

①	**②**	**③**
基调色 （Base color）	**配合色** （Assort color）	**重点色** （Accent color）
⌄	⌄	⌄
耐看不花哨的颜色	决定房间整体印象的 颜色	让房间锦上添花的 颜色
白色 米褐色 茶色	茶色 灰色	绿色 红色 橙色
地板 墙壁 天花板	家具 窗帘	靠枕 绘画 小物件
占房间的60%	占房间的30%	占房间的10%

地板、墙壁、天花板和家具没办法轻易更换，但人们若每天都处于颜色相同的空间里，时间长了，多少会感到有些厌倦。

这时候就要在小物件、靠枕等物品上灵活运用重点色。只需变换一下这些物品的颜色，房间整体的印象就会立马改变。你可以参照下面的方法来选择重点色。

•墙壁是白色、地板是茶色的房间：

选择黄色作为重点色。黄色的物品会让房间显得既沉稳，又透露出几分轻快活泼。

•墙壁和地板都是白色的房间：

选择粉色或黑色、灰色作为重点色。粉色的物品给人可爱的印象，而黑色和灰色的加入会让房间更显简约和帅气。

确定好重点色后，就要有意识地挑选这种颜色的物品，这样就绝不会出错。总之，选择房间里的物品颜色，不要凌驾于房间的整体风格之上，要相互融合。

与**准则** 9 所说的 **"找出物品的共同点"** 一样，找出
相同的颜色也是装饰中的重中之重。

不过，靠自己选择颜色确实不是一件容易的事。因此
我在本书的前面附有一张表格，总结归纳了几种适合搭
配在一起的颜色，可供大家参考。

11 RULE

墙壁装饰的法则

让墙壁的留白占到九成

装饰墙壁，要有意识地进行减法，而不是加法。

一般的房间四面都是墙，无论视线停留在哪里，映入眼帘的都是墙。所以，改变房间的风格，与其选择地板和天花板，不如选择墙面更引人注目。

有些朋友总想用东西把墙面的空间填满，比如绘画、日历、海报、孩子的奖状，甚至是除厄运的符咒。他们无一例外都会说"白色的墙面太死板了"。这种心情我不是不理解，但现在应该换一种装饰方法了。

我们以食物装盘为例。

餐厅把美味的食物呈现在顾客面前时，所用的食器必然会留白。甜点放在偌大的盘子里，甚至让人不禁产生"咦，只有这么一点"的感觉。

盘子有留白的食物，看起来绝对更高级、更美观。
相反，如果盘子被食物塞得满满的，反而不太雅致。用盘子盛食物的时候，最佳的平衡比例是食物占三成，留白占七成。

墙面亦是如此。

根据我的经验，视觉效果最佳的墙面应是留白面积占总墙面的八成。

不过，对于不习惯的人而言，剩下的两成墙面装饰起来比较困难。所以，不如大胆地对墙面进行减法，而不是加法。

首先，把墙面上的所有装饰物都去掉，然后再从中选取一件你觉得"非它不可"的东西。

宠物的照片、喜欢的风景画、个性十足的海报等，只要选一件自己喜欢的东西去装饰就好。这样一来，留白部分就占到总墙面的九成了。

如果选择一件物品挂在卧室的墙上做装饰，最容易入手且最实用的就是挂钟。简约时尚的挂钟，让卧室的空间看起来紧凑而不松散。

装饰物所挂位置，相比于挂在墙面的正中央，靠左或靠右会更有格调。尤其是挂在入口视线所及的房间深处，会让人感到踏实和心安。另外，建议挂钟所挂位置要比门窗稍微高一些，这样更容易看清表盘。

　　除了挂钟以外，用其他物品对墙面进行装饰时，又有什么样的法则呢？我们会在后文——详细说明，供大家参考。

12 | RULE

在墙壁挂装饰画的法则

▼

选定『一条线』，墙面装饰也可以很简单

如果能统一大小各异的绘画、照片、海报，就能打造出时尚的房间。

在**准则 8** 中，我们以画为例，向大家介绍了将三件大小相同的物品，摆放在一起进行装饰的方法。

不过还是有人想用大量的绘画、照片、海报装饰房间。而且，手上的物品尺寸大小不一，想用来装饰也不知从何入手。

在外国电影和电视剧中经常出现的风格独特的房间，都会用大量的绘画和照片装饰墙面。乍看之下，这些房间的设计没什么章法，装饰得十分随意，但不知为什么，我们就是觉得非常有格调。

大家或许会认为，用三种以上且大小不一的物品装饰墙面，必须具有出色的品味才行。其实，只要掌握了窍门，墙面装饰也可以很简单，因为它有法则可循。

●底线对齐的挂法

将装饰物的底边对齐，具体情况视照片的大小和墙面的面积而异，但间隔通常都在 5 ～ 10cm 左右。如果间隔过大会显得太分散，所以尽量靠拢一些。

❷中线对齐的挂法

确定中线，并以此为中心进行装饰。照片高度的标准通常为：地面距离照片中心 140 ~ 150cm。在需要对齐的位置，你可以贴上纸胶带做标记，这样呈现出来的效果更佳。

❸轮廓线对齐的挂法

先确定墙面的陈列区域，可以用纸胶带粘出陈列区的轮廓线。用照片和绘画装饰时，注意不要超出轮廓线。这种方法可以让多幅作品看起来像一幅完整的画。装饰好后，记得把纸胶带揭下来。

相较于方法❶和❷，方法❸更具时尚感，也让墙面更与众不同。整体效果与国外电视剧里出现的房间不相上下哦！

POINT!

选定一条线

底线对齐

先将相框的底边对齐，
再进行装饰。

中线对齐

选定好中线，以此为中心
进行装饰。地面距离中
心大约 140～150cm。

轮廓线对齐

确定好轮廓线，装饰的
时候注意不要超出外框。

外框与外框之
间的距离为
5～10cm

13 | RULE

在墙壁挂装饰画的法则

▼

装上相框后，即便是孩子的绘画，也能呈现出大师级的水准

选对相框的颜色和材质，就能呈现出堪比美术馆的统一感。

用多幅绘画、照片、海报做装饰时，建议装到相框里。尤其是照片和海报，虽然也可以用图钉和纸胶带固定，但装到相框后，整个房间的风格就会让人眼前一亮。

比如，孩子随手画的画，装上相框后看起来就像画家的大作一样，大家可以亲自动手试试。

我想在这里强调一下相框的颜色和材质，如果太过凌乱，不仅缺乏统一感，还会显得有点土气。**只要外框的基调一致，形成整体感，就会看起来很时尚**。虽然**准则 12** 中提到"要相互对齐"，但这不是一成不变的。

另外，材质一致的法则不仅适用于相框装饰，同时也适用于其他物品装饰。这个问题，我们在**准则 9** 也谈到过。在运用多件物品、多幅作品装饰时，希望大家能想起这一法则。

外框的种类可以从材质和颜色上区分。

· 材质 ➡ 木头、铝、塑料等。

· 颜色 ➡ 白色、黑色、茶色、焦茶色、银色、金色等。

不知道该选哪种外框时，不妨先回想一下房间的整体印象，然后参考下面的搭配。

自然清爽的房间 ➡ 材质：木质；颜色：白色。

个性帅气的房间 ➡ 材质：铝质；颜色：黑色、银色。

复古感浓郁的房间 ➡ 材质：木质；颜色：焦茶色、金色。

虽然把所有相框统一成一个颜色无可非议，但如果有两种颜色的相框，时尚感立马就能提高一个档次，**如白色与银色、黑色与金色，两种颜色的混搭看起来就会非常时尚。**

风格简约的黑白色外框，我一般会在性价比高的店铺购买。

银色和金色的复古风外框，对质感的要求稍微高一些，可以在画材店和网上购买。

此外，如果没有找到与绘画、海报大小吻合的外框，或者喜欢的外框没有现成的，可以找类似手创馆、专门裱框的店铺来定制外框。虽然费用会稍贵一些，但成品就是你的专属外框，用来装饰客厅绝对独一无二。

14 RULE

突显装饰物效果的法则

▼

75～135cm 的高度是装饰的目标区域

这是让物品散发光芒的最佳『黄金地带』。

"装饰物挂在多高的位置比较好？"这是客户经常会问我的一个问题。每当听到这样的问题时，我都会询问："你平时挂多高呢？"大部分人给出的答案是"随便挂……"

人在无意识下，习惯将视线停留在哪个区域呢？

那就是距离地面75～135cm的地方，我们称之为"黄金地带"，商店和便利店都会把主打商品放在这个高度。

我们可以把这个黄金区域代入到房间的内部装饰上。

比如，在收纳架上放置东西时，只要把最想让别人看到的东西，放在75～135cm的黄金区域即可。

如果想展示的是画作或者海报，**最好将作品的中心置于距地面140～150cm处**。美术馆展览的绘画高度基本上都是如此。这是根据人的平均视线高度计算出来的数字。

但是，对于客厅展示而言，人们有时也会坐在沙发上欣赏画作。根据画作的大小，可以把画作中心定在稍矮一些的140cm左右，这样画作会更显眼，看起来也更舒服。

 **POINT!**

将物品布置在"黄金地带"

- -

利用视线聚焦点进行装饰的方法

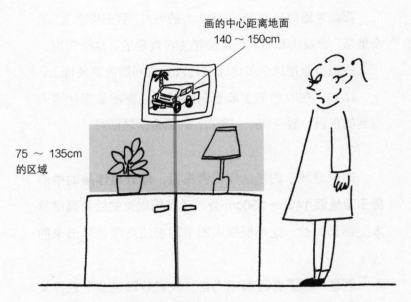

画的中心距离地面
140～150cm

75 ～ 135cm
的区域

人的视线会很自然地聚焦在距离地面 75～135cm 的区域内。
在架子上摆放物品时，高度可在这个范围内。如果是绘画或者海
报，最好将作品的中心置于距离地面 140～150cm 处。
有意识地将物品集中在视线所及的区域，装饰效果更佳。

此法则适用于进门处、走廊的尽头、客厅、餐厅、卧室等各个空间。

请注意，绝对不要根据估测的距离摆放，一定要拿尺子进行测量。虽然过程有些麻烦，但装饰出来的整体感和美感与估测后摆放的效果截然不同。而且，与其反反复复重来，不如一次测量好更轻松。那种一蹴而就的舒畅感，希望大家都能亲身体验一下！

15 RULE

让房间充满层次感的法则

▼

铺上地毯，划分空间界线

不要用物品区分房间，而是用地毯划分空间。

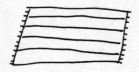

地毯只需随意铺在地上，**不费吹灰之力就能改变房间印象**。

从英文的翻译来看，地毯有两种，rug 和 carpet，它们基本指同一种东西，只是面积上有些差异。carpet 是指面积较大，可以铺满整个房间的地毯；而 rug 则是指面积在 5 平方米左右的小地毯。接下来要介绍的就是这种小地毯。

"地毯是必需品吗"，经常有客户这样问。我的回答是"YES"，希望大家都能选购一块地毯。

小地毯小巧容易入手，设计和颜色多样。大地毯不能太过冒险，但小地毯可以尝试各种各样的挑战。

不管怎么样，地毯都能成为房间的点睛之笔。

我们以客厅和餐厅为例，客厅铺不铺地毯到底有什么区别？

如果不铺地毯，客厅和餐厅两个空间之间就没有任何界线。

既没有层次感，给人的印象也比较单调。

相反，如果在客厅铺上地毯，两个空间之间就有了界线。这样一来，客厅就分离出来，成为让人放松的区域。

在沙发前面铺上地毯，不仅可以躺着看电视，还能在地板上与孩子玩耍。如果能在地板上滚来滚去，应该会让身心更放松吧。

另外，我听过不少人有这样的顾虑："虽然地毯看起来时尚漂亮，很想尝试一下，但又担心螨虫和过敏。"

欧美人在家里不脱鞋，而且地板上大多都铺着地毯。这是因为**地毯具有拂去污物和灰尘的作用**。也正因为它的存在，走路时的脚步声会比较小。

不过，对于日常生活中经常需要脱鞋的人而言，并不习惯铺地毯，担心地毯成为滋生螨虫的温床。

 **POINT!**

用地毯营造出层次感

- -

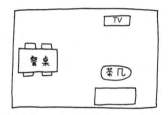

BEFORE

没有铺地毯

客厅与餐厅之间没有界限，看起来没有层
次，给人的印象也比较单调。

AFTER

铺上地毯

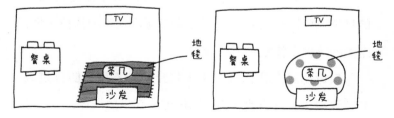

善于利用地毯，就无须用家具将客厅与餐厅分割开。
将客厅分离出来，成为让人放松的区域。

很多人对地毯持有成见，认为它会成为过敏源之一。

现在的独栋楼房和公寓基本上都是采用木地板。因为木地板方便打扫，看起来也非常干净。可实际上，木地板很容易造成空气中的灰尘（花粉、螨虫的尸体和粪便、宠物的毛发、蚊虫、细菌等）到处飞扬。

如果你是容易过敏的体质，务必要试试地毯。实践证明，**铺上地毯之后，室内灰尘就不会轻易地到处飞扬**。

地毯的绒毛能吸附大量的室内灰尘。

当然，要除去这些灰尘，既需要用吸尘器进行细致的打扫，防止螨虫滋生，也需要调节湿度使室内保持干燥，这类的清理工作是必不可少的。

最近市场上还出现了不少防止螨虫滋生、防止过敏的特殊地毯，有的地毯还可以扔进洗衣机里洗涤。

顺便说一下，**如果使用扫地机器人，切勿选择带有绒毛的厚地毯。**

此外，太薄的地毯织物容易打卷，建议选择厚度在 2cm 以内，起绒长度较短的地毯。

16 | RULE

让窗帘独具品味的法则

▼

窗帘和窗户的尺寸一定要匹配

许多人家里的窗帘和窗户的尺寸并不匹配，这一点非常减分。

你家窗帘的宽度、长度与窗户的尺寸吻合吗？

很多人家里的窗帘要么短，要么太长，要么宽度不合适。

我完全能够理解，毕竟每家的窗户尺寸都不一样，如果每次搬家都换窗帘又太麻烦，而且价格昂贵。

"虽然尺寸不对，但这窗帘花了不少钱，就用着吧""量尺寸好麻烦，先将就一下吧"。

这些似乎是很多人的心声。

可是，请大家从时尚的角度考虑一下：如果身材高大的人，非要塞进一件快要崩开的衬衣里，效果如何？即便那是一件高端品牌的衣服，看起来也不会有丝毫的时尚感吧。

相反，一旦尺寸合身，就算是快时尚的衣服，同样会给人清爽得体的印象。

窗帘也是如此。一定要先量尺寸，安装与窗户相匹配的窗帘。本书第 197 页专门介绍了测量窗帘的方法。

为什么对窗帘尺寸的要求那么苛刻呢？

因为**窗帘是决定房间品味的重要物品**。

不管你用了多少有品味的小物件装饰房间，一旦窗帘的尺寸不匹配，整个房间都会留有遗憾。

窗帘在房间里所占的面积非常大。换句话说，它具有举足轻重的存在感。

如果实在没办法找到尺寸匹配的窗帘，请试着用布料专用的双面胶调整长度。

窗帘有两种：一种是透光性好的蕾丝窗帘，另一种是层叠的褶皱窗帘。房间里通常需要装上这两种窗帘。

如何选择窗帘的颜色和图案呢？大家是不是也在为此苦恼？

面朝阳台和院子的窗户，高度一般都在 2 米左右，窗帘所占的面积比较大，单凭颜色和图案就能瞬间改变房间的印象。

犹豫不决的时候，不妨想想自己到底想要什么样的效果。

• 想让房间看起来宽敞明亮，那就选择"白色或米褐色的窗帘"

客厅、餐厅是家人和客人集中的场所。如果想让这些空间看起来宽敞明亮一些，最好选择白色或者米褐色。还是拿不定主意的话，那就选择与墙面相同的颜色，能让两者融为一体。

• 想让房间看起来充满个性，那就选择"带有图案的窗帘"

想要突出个性，那最好选择颜色运用大胆、带有图案的窗帘。尤其是卧室和儿童房这种私人空间，可营造出与客厅截然不同的氛围，另外，它与小窗户搭配也相得益彰，看起来就像是在墙上挂了一幅画。

然而，对于很多人而言，挑选颜色和图案太难了。其实，挑选的**关键在于要选择与房间内物品具有"共同色"的窗帘。**

比如，床罩和挂钟都带有"红色"的元素，那就可以考虑选择带有红色图案的窗帘。即便窗帘除了红色以外还有黄色、绿色等其他颜色，但只要有共同色就不会显得太突兀。

反过来，也可以根据窗帘的颜色选择装饰用的绘画和物品。

明白这一法则后，挑选窗帘的时候就不会出错了。而且如果买了颜色大胆的窗帘，还能让房间的格调提升不少。

窗帘的绑带的材料一般与窗帘相同，但现在也出现了许多物美价廉的替代品，比如木头与玻璃、贝壳组合而成的绑带。只要与窗帘的质感相符，就能让窗边成为一道独特的风景线。

 POINT!

用窗帘改变房间的印象

客厅、餐厅

想让房间看起来宽敞明亮，选择白色和米褐色系的窗帘一定没错。
与房间融为一体的颜色，会让人觉得如开放式空间一样宽敞。

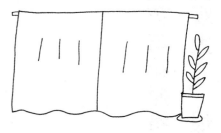

卧室、儿童房

私人空间建议选用颜色大胆、带有图案的个性窗帘。营造出与客厅
不同的层次感。带有图案的窗帘与小窗户搭配，看起来像画一样
时尚。

花朵的装饰法则

▼

让花与花瓶看起来美观大方，最佳比例是一∶一

如果难以把握好花与花瓶的比例，干脆将茎剪短，让花朵露出瓶口即可。

生活因花而灿烂美丽。

一朵花就能改变房间给人的印象。当你满身疲惫回到家的时候，当你为了家务累到筋疲力尽的时候，当你为了照顾小孩忙到焦头烂额的时候，看到房间里的花，心情马上就会得到治愈。正如**准则 5** 中所说，植物是有生命力的，花朵透出的勃勃生机，能治愈我们的身心。

另外，鲜花能为你整理房间提供动力。难得买一次花回家，肯定想收拾一下房间，衬托出花的美丽吧。

我们一家都很喜欢这种装饰，我也随时用鲜花装饰着房间。

有的人会觉得用花装饰房间，是一件很有难度的事。我们对不习惯的事情往往会觉得很难。

在此，我向大家介绍一些简单的插花方法和其他注意点。

•用一朵花做装饰

这是最简单的方法。虽然你会觉得花的价格太贵，但如果只用一朵花，很便宜就能买到。

商店里有专门插一朵花的小花瓶。不过，其实大家并不需要特意去买花瓶，用杯子、果酱瓶、果汁瓶就足够了。这种瓶子更为随意，有时候比起刻意寻找的花瓶看起来更时尚。

约定好每周换一枝花，尝试一下有花陪伴的生活吧！

• 用几枝同类的花材进行装饰

如果想要更华丽一点的风格，我建议可以选择几枝同类的花材来装饰。如果花的种类、颜色太多，组合的难度也会提高，所以我们可以减少花材的颜色和种类，降低插花的难度，比如简简单单的 5 枝粉色蔷薇、3 枝黄色康乃馨等。

• 将花束分开装饰

意外地收到一大束花，不知道该怎么插花才好看，干脆原封不动，将整束花插在大小并不合适的花瓶里。你遇到过这种情况吗？如果为此购买新的花瓶不仅浪费，大花瓶还占地方。如果遇到这种情况，我建议大家把花束分为小束进行装饰。

既可以将花放在不同的地方，也可参照**准则 8** 将三瓶相同的花摆放在一起。假如餐厅的桌子中央错落有致地放着几瓶花，顿时就会华丽不少。

·买到花材后首先要做的事

留出花朵附近的 2～3 片叶子，其他的都剪掉。这样能避免叶子浸水之后腐烂，而且水质干净的话，花材存活的时间也长。另外，叶子修剪得利落一些，花才不会显得张牙舞爪，更方便插花哦。

·让花与花瓶看起来美观大方的最佳比例

花瓶与花瓶上方露出的花的最佳的平衡比例是 1：1。不过这个比例有时候也很难控制。对于不擅长用花装饰的人来说，还可以将茎剪短，让花朵直接露在瓶口。这样的插花不会显得散乱，反而更有整体感。

·推荐的花材品种

建议新手选用康乃馨、非洲菊、花毛茛，这些花存活的时间长，花色也丰富。而且，即使只有一枝花，也

 POINT!

注意花与花瓶的比例

突显平衡感的插花方法

插花的高度与花瓶的高度比例，控制在 1 : 1，这样的平衡感最佳。
如果花不好处理，可以将茎剪短，让花朵露在瓶口，这样更有整体感。

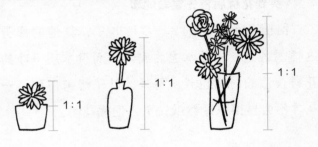

推荐几种容易插花的花材

康乃馨、非洲菊、花毛茛比较容易做成插花，推荐给大家。
即便只有一枝花也很有存在感，这几种花的存活时间长，还可以做
成干花。

康乃馨　　　　　非洲菊　　　　　花毛茛

能成为色彩斑斓的画。

　　除了客厅之外，玄关、厕所、卧室等房间都可以用花来装饰。与其花很多钱买其他装饰品，不如买些花更有效果。请一定要试试看哦！

18 | RULE

让房间的最深处都充满亮光的法则

▼

只需多一盏灯即可

理想的情况是一室多灯。有阴影的房间看起来更宽敞。

挑选灯具好难，这是大众普遍的想法。

有一对租住在公寓的夫妇，我到他们家拜访时，发现他家客厅和餐厅的天花板上各装了一个椭圆形的灯，散发出偏蓝白色的光。这样的灯饰在家庭中极为常见。

老实说，我不太推荐房间选用这种灯具。打开灯之后，虽然房间的每个角落都笼罩在这种明亮通透的灯光之下，可是相应的，房间也会显得有些呆板、单调。这里所说的"房间呆板"指的是在泛白的灯光作用下，房间一览无余，减弱了舒适放松感。

大家回想一下便利店的样子：为了让顾客能清楚看到商品名称，泛白的灯光笼罩着整个空间。可是这样的环境让你丝毫没有放松的感觉。这与我们刚才提到的房间环境是一样的。

这对夫妇告诉我，家里明明都是自己精挑细选的家具，但还是觉得冷清，没办法放松下来。我给出的解决办法是更换灯具。

将餐厅的灯具换成吊灯，灯泡换成偏黄的暖光。

然后，在沙发侧面的小茶几上放一盏台灯，效果出众！原先在泛白的灯光之下明亮无比的房间，立马变得温暖沉静。"灯具竟然能带来如此大的变化"，夫妻俩欣喜地对我说。

没错，灯具能让房间瞬间改变。

下面，我们继续介绍一些与灯具有关的注意事项。

❶注意灯泡的颜色

现在社会上流行的是 LED 灯泡。LED 灯泡大致分为日光色、暖白色、暖黄色三种，特征分别如下：

• **日光色** ➡ 偏蓝的冷色。略微泛蓝的颜色能让头脑保持冷静、注意力集中，适合工作和学习用的**书房或者孩子的房间**。

• **暖白色** ➡ 偏白的自然光。接近太阳的自然色，适合化妆用的**洗手间**、需要看清面前物品的**厨房**等。

• **暖黄色** ➡ 偏黄的暖色。让人放松冷静的颜色，适合**餐厅和卧室**。

❷一室多灯

所谓一室多灯是指一个房间里的照明设备不止一件

灯具，而应由多件灯具组合而成。

比如，除了天花板上的主灯外，可以在茶几上放一盏小台灯，或者在地板上放一盏落地灯，这样就能营造出光影的效果。房间会因此更具立体感，营造出来的氛围不再呆板，而且会让房间看起来更宽敞。

孩子看电视的时候打开顶灯，照亮整个空间；晚上夫妻俩小酌聊天的时候，可以只打开吊灯或台灯。根据不同的生活场景，用一室多灯享受灯光带来的舒适与温馨。

对于无法摆放多件灯具的人来说，我推荐使用简单方便的夹子式聚光灯。

这种夹子式聚光灯可以夹在观叶植物的盆边或者电视后面。**只要有一盏这样的聚光灯，马上就能产生阴影，营造出充满戏剧感的空间**。一定要尝试一下，你会觉得选择灯具并不是什么难事。

最后还有几句题外话。

 POINT!

除了主要的照明设备以外，再添置一些其他灯具

- -

BEFORE
一般的房间

一盏圆形的顶灯。只有一盏灯的话，房间会显得呆板冷清。

▼

AFTER
一室多灯

除了主灯以外，还有多种灯具组合使用。营造出光影效果，让房间更具立体感。纵深感还能让房间看起来更宽敞。

122

　　我在室内设计学校学习时，老师曾向我推荐了一部作品——《阴翳礼赞》，这是日本唯美派文学代表人物谷崎润一郎在昭和 8 年（1933 年）发表过的随笔集。拜读之后，我深受感动。

　　昭和 8 年，正好是日本人的生活方式从日式演变为西式的时期。一方面，人们在感叹时代的变迁，渐渐习惯灯火通明。另一方面，又在怀念没有电灯时的日式生活写照：从推拉门漏出的微光与房间深处的阴影。这种阴影正是日本自古以来的审美——书中这样写道。

　　光与影，这才是配置现代照明设备时要考虑的核心。

19 | RULE

让书架与众不同的准则

▼

让书架成为室内装饰的一部分

既然书太多，那干脆就用书来装饰。

虽说现在电子书越来越多，但也有不少人因为家里的书太多而烦恼。"我想让书架与众不同"是很多家庭的装饰要求。

我们夫妻俩的藏书非常多，每月订购的室内装饰类杂志、旅行时买的外文书等书一直都在增加。

有书的房间更能表现出主人的气质。摆放方式、装饰方法的变化能让书架呈现出更多的可能性。

你可以参照下面的要点，打造出品味不凡的书架。

●控制书的数量

很遗憾，能够收纳书本的空间是非常有限的。你需要先将书架上的书都取出来，确认数量，并果断处理掉不要的书。

❷分类

杂志、外文书属于大型书本，此外还有精装书和小开本的图书，可以按照尺寸大小和体积进行分类。

❸决定摆放的位置

上层：平时很少有机会看，但无论如何都舍不得扔的书。

中层到下层：放上自己最喜欢的书、阅读频率较高的杂志和书。珍藏着回忆的相册可以放到下层。

❹书的高度调整一致

把书放到架子上时，如果高度不一致，高高低低的样子看起来会很凌乱。所以尽量把书的高度调整一致。

❺取掉护封

如果书脊的配色太抢眼，直接去掉护封。

 POINT!

从不抱任何希望的书架，到想要展示给人看的书架

- -

高度一致

高高低低的样子看
起来有些乱。将相
同尺寸的书放在一
起，摆放时尽量使
高度一致。

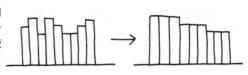

去掉书的护封

如果封面颜色太
多，看起来会乱
七八糟，最好去掉
太抢眼的护封。

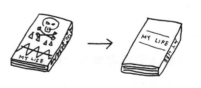

使用书立

数量较少的那层书架用书
立隔开，有意识地留出空
间。可以用其他物品或观
叶植物做装饰，形成可以
展示摆设的角落。
有疏有密的空间，尽显
格调。

❻书本太少的那层书架可以使用书立

如果书的数量太少，很容易倒，这时可以使用书立。相比黑色，更推荐低调的白色、灰色书立。

❼在空余的空间摆放一些物品

利用书立隔出一些空间，可以摆放小盆的观叶植物或杂货。另外，装帧精美的书籍或外文书，建议放在能够看到封面的位置，可在书架的某处营造一个"小世界"，将单纯摆放书的架子变身成室内装饰的一部分。

❽太薄的书放入文件夹中

太薄的书或杂志容易倒下来或弯曲。可先将其放到透明的文件夹中，然后再收到下层书架，这样看起来更整齐。

怎么样？

只用稍微花一点心思，就能突显书架的品味。将**"书太多"**的压力转化成**"用书做室内装饰品"**的创意。经过装饰后，整个房间都会透着浓浓的书香味。

20 RULE

利用照片提高装饰品味的法则

▼

利用单色照片打造艺术画廊

单色照片适合搭配任何风格的房间，即便是普通人拍摄的照片，也能营造出大片感。

如果是用于装饰，比起装饰画，有的人更倾向于用照片。

婚纱照、孕照、孩子的照片、旅行的回忆……用**见证人生历程的照片做装饰，铭记属于自己的美妙时刻**。

另外，专业摄影师拍摄的震撼照片，或者透露细腻情感的照片也都可以用于装饰。

但如果照片颜色太过艳丽，就会破坏房间的整体感，成为减分项。实际上，我在客户家中看到的照片本身都非常棒，但与房间的风格是否搭配，那就另当别论了。

我的建议是最好选用单色的照片进行装饰。

单色的照片与彩色的照片不同，颜色单一但不会太过突兀。简约的色调适合搭配任何风格的房间，而且不挑相框。

如果没有找到自己喜欢的单色照片，可以挑选自己拍摄的照片，经过单色处理加工后即可。

以前，我曾向一对夫妻客户建议，用镜子和几个相框来装饰墙面。当我们正在因为要将什么放到相框而发愁时，突然想到可以将照片加工处理成单色，再放入相框。

最后他们选择了新婚旅行的风景、两人的背影、宠物猫的照片。收到照片后，我用电脑将它们处理成单色，打印成 A3 和 A4 纸的尺寸，放到相框里交给了客户。他们对效果相当满意，认为装饰后的墙面看起来就像"画廊"一样。

用彩色照片做装饰，比如风景照、全家福等，很容易给人留下凌乱的印象。如果换成单色，一下子就变成个性十足的艺术品。无须花钱，**即便是普通人拍摄的照片也能呈现大片感**。

多准备几张单色照片，放到相框里，装饰的品位立马得到提升！

第 **3** 章

让不同空间变得简约而有格调

将第2章的准则用于不同的空间，更加具体地解决你房间的烦恼。

客厅、餐厅

从这章开始，我们以第 2 章介绍过的准则为基础，逐一去观察每个房间的装饰。

首先从客厅、餐厅开始。客厅是家人最为集中的场所，最重要的功能就是能让家人舒适放松。另外，这里也是接待客人的地方，因此最好还能兼备接待的功能。

为了让人留下"漂亮的房间""舒适的房间"的印象，我们打开门的时候会看见什么呢？

当我们进入房间，坐在沙发和餐厅的椅子上时，又能看到什么呢？

经常下意识地考虑"能看到什么"非常重要。

正如在第 2 章的**准则 1** 所说的那样，入口的对角处是最容易被注意到的地方。先把这个空间营造成焦点（展示位置）吧。

➤ 避免将电视放在入口能看到的地方

这是我看过各式各样的房子后的感悟。很多情况下，电视都被摆放在最好的位置。这显然是非常浪费的，如果电视没有打开，就只是一块黑板。将电视放在入口的对角处，整个房间的氛围也会变得冷淡死板。

在入口的对角处摆放沙发，显然比摆放电视要更有格调。房间的氛围随之变为"欢迎回来""欢迎光临"等温馨的氛围。

如果插座口的位置有限，还可以使用插线板来克服电视电源插口的问题。如果实在移动不了电视，就需要考虑如何将视线焦点从电视上转移到其他东西上。

比如，在电视的侧面摆放一个大型的观叶植物，从天花板吊下绿色植物，或者在墙壁上挂上壁画装饰。通过使用植物和壁画进行调和，让原本冷淡死板的氛围得到缓和。

总而言之，请不要把电视放在客厅中最重要的位置。如果无法避免，那就在电视周围加上装饰。

只需这一步，房间就可以变得简约而有格调。

➤ 用"布"盖在沙发上

沙发占据客厅的大部分面积，不妨试着在沙发上盖一层布试试效果。

这个小改变会让客厅瞬间优雅不少。这样做也可以防止沙发被弄脏，更重要的是，可以享受像重新买了新沙发一样的新鲜感。

其中的要点就是，布不是整整齐齐地盖上，而是自然地轻轻地全部覆盖。

沙发盖布可以特意保留一些褶皱，增添一丝慵懒自然的感觉。窗帘布、床单、床罩等，只要能遮住整个沙发的布都可以用。

沙发盖布的颜色推荐米褐色和绿色。这两个颜色与什么样的房间都很搭配，如果再放上几个色彩鲜艳的靠枕，沙发马上变得华丽起来。

➤ 挂钟应挂在墙壁的偏左方或偏右方

你家的挂钟装饰在墙壁的哪个位置呢？墙壁的正中？右边？还是左边？

以我的经验，绝大多数家庭都把挂钟挂在墙壁的正中央。至于理由，大部分人认为，这样就可以从房间的任何位置看到挂钟。

其实，挂钟最好不要突兀地挂在墙壁的正中，偏左或偏右的位置反倒能让房间显得更协调。而且，**挂在离房间入口较远的里侧，会显得更有安全感。**

挂钟的位置应比门窗稍高一点，方便看到。

按照一般房间的面积来说，即使将挂钟挂在房间的里侧，也基本不会出现看不到挂钟的情况，大可放心。

➤ 用植物或装饰画来装饰，任何情况都可以补救

很多人对装饰束手无措，不知道该用什么来装饰。其实，只靠绿色植物和装饰画，就能起到一定程度的补救作用。装饰画可以选择照片、海报。如果把孩子的绘画装进相框，也会很好看。

将植物、装饰画放在客厅、餐厅的视线焦点位置，也就是入口的对角处，然后看看效果吧。

➤ 选择窗帘的关键词是"内敛"

客厅和餐厅是家人和客人集中的地方，很多人想尽量让这两个空间看上去宽敞明亮。

如果想让房间看起来宽敞，就选择白色和米褐色系的窗帘吧。只有不鲜明的颜色，才能自然地和房间融为

一体。就算觉得颜色太单调，也不要选择复杂的窗帘，
可用靠枕和小饰品进行点缀。

▶ 餐厅的椅子可以不一致

很多人会买一张餐桌和四把套装椅子。餐椅的套装
搭配，给人一种沉稳内敛的印象。

但是，餐椅也并非必须成套搭配。

**餐桌和椅子的原材料和设计不同，会营造轻奢的风
格。** 比如玻璃桌搭配木制椅子就很不错。

到底是选择沉稳内敛的风格，还是现代轻奢的风格，
大家根据自己的喜好选择即可。

所有的椅子可以是不同的设计，或者四把椅子中每
两把一个款式，打造**像咖啡厅一样的用餐空间。**

不过，如果突然挑战餐椅的混搭，难度可能较高。
建议可以从选择同款式、不同颜色的椅子开始。

► 餐厅的灯尽量吊低一点

不少人认为，房间要明亮，所以餐厅和客厅使用了同样的照明。

但是我想大声告诉大家：餐厅安装吊灯才是最理想的！

许多家庭的餐厅用的是顶灯。但这样一来，餐厅就和客厅一样，都是明亮的房间，容易给人单调的印象。

吊灯的高低落差形成的不同亮度，可以让房间显得有张有弛，简约大方。由于它的设计感很强，即使不开灯，也可以成为房间的装饰物。

灯光颜色推荐使用偏黄色的暖色调，能使食物看上去更美味，也能让围坐在餐桌旁的人们看上去更柔和。这样的灯光能够烘托氛围，营造出戏剧场景般的用餐环境。

一般情况下，餐厅内吊灯适合的安装高度是：**桌面到吊灯底部的距离在 60 ～ 80cm**。不少家庭会把吊灯安装得非常高，这样会使原本应该照到桌面的光线变得分散，从而导致桌面暗淡。

　　有人担心，如果吊灯装得太低，吃饭时头就会碰到吊灯。实际上，只要是标准尺寸的吊灯就不会存在这一问题。迄今为止，我负责设计过的家庭中，吊灯距桌面的距离多设置在 65 ～ 75cm。请你务必重新测量一下吊灯的高度。

悬挂吊灯的方法

60～80cm

不同空间的
装饰准则 | # 卧室

卧室是私人空间，因此这里的关键词是"放松"。你可以舒心地入睡，还可以清爽地起床。

想让自己的卧室也变成这样吗？那就来说说能让生活舒适的设计以及装饰方法吧！

➤ 参考酒店的房间即可

请试着回想酒店的房间。酒店里的床是怎样的？

大多数酒店都会将床头靠墙摆放，很少会靠窗摆放。

这是因为，如果将床头靠窗摆放，人们可能被窗外的冷风吹到，或被早晨的阳光照到，影响睡眠。

如果你家的床头正好靠近窗边，请现在就调整位置

142

吧。调整后，你会更有安全感，也更安心。

将床头靠着墙壁放好后，请试着用装饰画或海报装饰墙壁吧。这样可以简单快速地制造出焦点区域（展示位置）。酒店的床头一般也挂有装饰画。

➤ 床上只需盖一块布

床上用的布料各式各样，我最推荐的单品是床罩。

这里所说的床罩是盖在被子上的整块大布，具有防尘的功能。只要随意地将它盖在床上，就能成为房间的亮点。酒店的床上有时也会使用床罩。

如果床单和被套是纯白色或米色，可以通过床罩增加色彩，成功地将卧室变得华丽。

床罩可以在室内装饰的商店轻松购买，**就算不是正式的床罩也没有关系，只要是大尺寸的布都可以。**

如果一进入房间就能看到被子，会暴露出太多生活感。

特别是单间房，临时有客人来访会很尴尬。不过只要用床罩一盖，室内就可以变成酒店般的感觉。

由于被子的上面又加了一块布，还可以提升被子的保温性。

另外，夏天喜欢用毛巾被的人，我也推荐使用床罩。把床罩放在脚边，当你略感寒意时，还可以用作盖毯。

➤ 卧室适合用"床头柜"

床的侧边推荐放置床头柜。

在床头柜上可以摆放台灯，或者放置手机、书、眼镜和应急手电筒等，非常方便。

如果没有床头柜，**可以用时尚的带盖篮子或椅子来代替**。一些意外的搭配，反而能让卧室更有格调。

如果没有放置床头柜的空间，可以选择床头带收纳柜的床——既可以在床头放置物品，还配有收纳空间。

➤ 卧室的窗帘优先考虑个人喜好

不少人觉得卧室是睡觉的地方，希望营造出放松的氛围，所以容易选择深灰色和深茶色的窗帘。

但是卧室是最私密的个人空间，所以可以把简洁的窗帘用在客厅，而卧室则大胆尝试一下自己喜欢的颜色和花纹。

需要注意，窗帘的颜色最好能与同一空间内的某一家具和物品（比如绘画和杂物等）的颜色保持一致。只要做到这点就不会出错。

最近想在卧室安装遮光窗帘的人多了起来。

以前的遮光窗帘都是使用硬邦邦的布料，也欠缺设计。不过，现在的遮光窗帘也与普通窗帘一样，颜色和花纹都很丰富。

遮光窗帘可以分为以下等级。

• **遮光 1 级 ➡** 可以使房间变得漆黑，几乎不透光。

•**遮光2～3级** ➡ 不会太暗,可以柔和朝阳和夕阳的光线。

顺便说一下,就算是同一等级的遮光窗帘,也会因为颜色、花纹等的不同导致遮光效果有所偏差。深色的更吸光,光线不容易穿透,因此遮光效果好。相反,浅色和白色的窗帘容易透光。

不能仅凭等级来判断窗帘的遮光效果,最好能直接去展示间或查看窗帘样品确认。

▶ **让照明的光线射向墙壁**

如果你的家里只有天花板一处设有灯具,那就请再多加一个吧。

台灯和落地灯,夹子式的聚光灯等,无论哪种灯具都可以。熏香灯也是不错的选择,让房间瞬间变得温暖又放松。

较矮的落地台灯可以放在床边。较高的灯具或是夹子式的聚光灯，将光线调节为照向墙壁。这样一来，就没有直射光源。而且，产生的光影还能使房间显得更宽敞。

这里需要记住的是，灯具不再只是照明工具，它还具有装饰作用，营造出令人放松的家居氛围。

前几天，我拜访了一位独居生活的男子，参观了他的房间。

虽然知道他的房间从大学时就没改变过，但"学生的独居房间"的感觉未免也太强烈了。这个 30 多岁的男子希望自己的房间能多一点成熟的感觉。

这时，我发现无印良品的熏香灯被他放在架子的高处。于是，我将熏香灯放到床边，并打开电源。从床头散发出的柔和光线，瞬间让室内氛围满分。

公司的前辈曾送我一盏偏高的落地灯，其实是他不知道该怎么放置而让给我的。

我将它放在房间的角落（焦点区域），打开电源，让光线照向墙面。瞬间，墙壁被照亮，房间有了层次感，看上去更宽敞了，前辈看了也非常喜欢。

　　我一说到灯具，大家的脸上就会露出"看上去好难"
的表情。

　　但是，灯具真的能瞬间让房间变得优雅，即使是便
宜的灯具也没有关系，**重点是"放在床边"和"照向墙壁"**。

不同空间的
装饰准则 | # 儿童房

这里我们以孩子需要在房间里学习为前提，介绍一下儿童房设计的诀窍。

➤ 利用布来体现儿童房的可爱

多数家庭的儿童房，基本 10 年左右都不会更换房间里的图案，毕竟经常更换的话需要花不少钱。

但是在这期间，曾经是小学生的孩子会慢慢长大。那些印有适合小时候的动物图案、交通工具图案的壁纸，也随着孩子的成长而变得格格不入。

所以，请大家用长远的目光来考虑儿童房的设计吧！

•壁纸和窗帘尽量选用纯色或者图案少的颜色。

•在容易更换的物品上（地垫、床罩、靠枕等）选择
适合孩子年龄的图案。

这样一来，就可以根据年龄轻松地更换房间的风格。

➤ 推荐儿童房多使用绿色

我家里有个上高中的女儿，她的房间有一面墙壁被
涂成了绿色，这还是在她上小学时布置的。儿童房间不
应只有白色，通过将一部分空间加入其他颜色调和，房
间才会变得温馨可爱。

当时女儿非常喜欢粉红色，她的玩具和布偶基本上
都是粉红色的。因此，当时我以白色为房间的基调色，
加上绿色，能很好地衬托女儿的粉红色玩具。**其实，绿
色属于中性色，它既不属于暖色，也不属于冷色，因此
和其他颜色都很搭配**。而且绿色不分季节，非常方便使用。

现在女儿长大了，但是那面绿色的墙壁还在，女儿
喜欢在上面用自己喜欢的物品做各种装饰。

顺便说一下，如果儿童房考虑使用绿色以外的颜色，可以从下面两个色系中选择：

• 暖色系（红色、橙色、黄色等）➡ 充满活力的颜色，营造出明快欢乐的氛围。

• 冷色系（蓝色）➡ 可以集中精力学习的颜色，营造出轻松安定的氛围。

➤ 可以让孩子专注学习的房间布局

家长对儿童房中最在意的，应该就是写字桌的摆放了吧。以下两点是布局的关键。

❶将写字桌面向墙壁放置。

❷避免背对入口的写字桌布局。

注意到这两点，就可以让孩子集中精力学习了。

如果让写字桌面向窗户放置，孩子学习时容易望向窗外，从而导致注意力涣散；如果背对入口，孩子又会因为对背后的警惕而无法集中精力。

在动画片《哆啦A梦》中，哆啦A梦登场时，大雄的房间就是错误的房间布局。大雄房间写字桌的背后，就是妈妈经常怒气冲天、夺门而入的门。而且，写字桌的前面就是窗户！这完全就是不能专注学习的布局。

如果将写字桌面对墙壁，放在入门的左侧靠里、与门保持垂直对齐的位置，大雄或许就可以多集中一些精力学习了。

顺便说一下，我上学时的写字桌也是面向窗户放置的，我当时也确实经常对着窗外的天空发呆。

► 灯具的选择决定孩子的健康

为了不让视力下降，需要让孩子的房间经常保持明亮。你是不是也一直这么想？

其实，这是个误区。

人在早上的时候醒来，到了晚上睡觉。调整这一节奏的是体内的生物钟。已有实验表明，如果晚上也把房间弄得像白天一样明亮，身体就会产生错觉，以为还是白天，这将会导致身体无法分泌出催眠的激素，从而影响睡眠。换而言之，就是会导致生物钟的紊乱。

因此，儿童房也建议采取一室多灯的布置。

　　玩耍的时候使用明亮的顶灯，读书和学习的时候使用日光色的台灯，放松的时候使用灯泡颜色的台灯，这样就不会对孩子的身体造成负担。

　　如果设置多个灯有困难，也可以使用能用遥控来调节亮度和灯光颜色的顶灯。

▶ 将玩具整齐收纳的方法

　　孩子的玩具和绘本大多都颜色鲜艳，好像洪水般涌入了眼花缭乱的色彩，不论怎样收拾都感觉凌乱。

　　而且，由于玩具和绘本是孩子每天玩耍都要用到的物品，又不能将它们全部封存收拾了。

　　在这里，就让我们综合使用展示型收纳与隐藏型收纳，来提高我们的收纳能力吧。

• 展示型收纳

　　顾名思义，这是指不收起物品而特意将物品陈列出来的收纳方法。

　　可展示的玩具包括：颜色相近的物品、设计漂亮的

物品和书。这3类是可展示的玩具代表。

先考虑摆放位置，之后可试着将颜色相近的物品放在一起装饰。

·隐藏型收纳

需要隐藏的玩具代表有：**大型玩具、琐碎的玩具、多彩鲜艳的玩具**。

首先，制作大型玩具专用的"什么都能放进的箱子"。用完玩具之后，可以马上收纳进箱子里。

对于记事本、贴纸，以及小玩具等琐碎物品，请准备大、中、小几种尺寸的盒子，将玩具按照尺寸分别收纳。孩子玩耍后，只要将玩具分类放回即可。

收纳的箱子更适合用布制和藤编的篮子，它们比颜色鲜艳的塑料盒更适合与房间搭配，就算放在客厅也不会显得突兀。

总之，展示型收纳要尽量让颜色统一，隐藏型收纳要能简单快捷地收纳物品。

在孩子收拾完玩具之后，还请多多表扬孩子，如"越来越厉害了""比昨天收拾得快多了"等。

➤ 儿童房里推荐的单品

家里有小学生的家庭，经常头疼双肩书包的放置场所。除了双肩书包，还有练字套装、教科书和复印资料等繁多的学生用品。

有的妈妈抱怨道："我家孩子总是随便乱放双肩书包和复印资料。"事实上，这可能只是因为孩子不知道应该放在哪里。

因此，**设置一个专门放置学校用具的收纳场所**，会减轻很多收纳压力。

最方便的就是使用书包架，你可以在家居用品店和网店轻松买到。宽度在 45 ～ 60cm 的紧凑型书包架居多，移动起来也方便。孩子在低学龄的时候，可以将书包架放在客厅的一角，如果孩子有了自己学习的房间，也可以将书包架移到房间里去。

玄关

玄关是家给人第一印象的地方。由于此处空间狭小，稍微改变一下，就可以看提升装饰效果。

▶ 如何打造一见倾心的玄关

初次拜访别人家时，人们总会不由自主地留意鞋架的上方。如果这里被装饰得很好，就会给人留下好印象。仅凭这一点，就可能让客人判断出主人是"认真靠谱的人"。下面就来介绍一下玄关装饰的要点。

•收起日常用品

手表、印章、家和车的钥匙等，放进带盖的小收纳盒，或者较深的托盘里，避免被客人注意到。

•在鞋架的上方做一些装饰

如果鞋架上面有可以摆放装饰品的空间，使用**三角形法则（p64）、摆放三件同样物品的法则（p70）**，装饰上植物和其他物品。

鞋架上面的空间通常都比较小，因此建议试一下上面的法则。

•装饰玄关的墙壁

在墙壁上用画和海报装饰，会让玄关更显优雅。

此外，如果用干花花束装饰，还可以营造出时下流行的空间感。干花花束是用于装饰墙壁的装饰品，在鲜花店和咖啡店，你有没有看到过将花束朝下挂在墙壁上的装饰品呢？由于非常上镜，在网上也很流行。据说这样的装饰在欧洲是为了驱魔和祈求幸福。

干花花束的制作方法简单。将喜欢的花和绿叶捆成一束，再用麻绳（缎带也是不错的选择）系好，然后将花束朝下装饰在墙面上。你可以享受花束慢慢变干的过程，玄关也会因此多了一丝西洋风格。

➤ 鞋越少越好

有的玄关，鞋散乱到让人惊讶的程度，让人忍不住想问"家里到底住了几个人"。玄关的鞋子，越少越显干练。最理想的就是住几个人就放几双鞋子。

听说将鞋干净整齐地收纳好，还可以提升财运哦！这么一说，不管如何，你是不是也想立刻把鞋子收纳好。

有一些鞋子最好放在玄关，比如拖鞋以及方便孩子穿脱的鞋子，放在玄关穿起来才方便。

像这样日常经常穿到的鞋子，可以摆放在小巧的鞋架上，这样即使是在狭窄的玄关也能使用。准备一个上下可以放置 4 双鞋子的鞋架，放在玄关旁边。

➤ 伞架的设计

　　家人各自使用的伞、折叠伞、下雨时临时买回的塑料伞……你家的伞架上是不是挤满了各式各样的伞呢？仔细一看，其实很多伞都已不再使用。首先确认一下每把伞是否需要，再处理掉不需要的伞。**每人一把伞，再加上一把备用伞，就足以满足日常需要了。**

　　伞架适合选择简单不夸张的款式。具体来说，伞架的颜色可以选择白色、灰色或黑色。从材质上来看，比起陶瓷的伞架，木制的伞架感觉更温馨。伞架可收纳的数量，除了可以放入每个家人的雨伞以外，最好还能放下两三把备用伞，绝对不要让雨伞挤满伞架。

　　如果家中没有放置伞架的空间，也可安装可吸附在钢铁门上的磁铁型伞架。虽然这种伞架只能收纳两三把雨伞，但非常适合"玄关太窄""想充分利用玄关"的家庭使用。

日式房间

很多人不知道该怎么有效使用日式房间，我准备介绍一下适合现代生活方式的设计和整理方法，也许可以帮你将之前深感困扰的房间变成喜欢的房间。

➤ 不妨将日式房间改造成现代化风格

日式房间通常设在客厅、餐厅旁边，一打开分隔用的门，它就和客厅变成了一个房间。

"不知道如何将日式房间与客厅连接起来""感觉整个空间只能看见日式房间了"等，经常有人向我倾诉这样的烦恼。客厅是现代风格，而隔壁却是老式的日式房间，整个空间会给人一种不和谐的氛围。

因此，不如索性将日式房间也改成现代化风格。最快捷的改造方法，就是试着撤掉之前使用的榻榻米。

榻榻米主要是由灯芯草制作而成，四周边缘还会缝上包边，包边的花纹和颜色曾经是身份的象征。当然，灯芯草和包边构成了榻榻米独有的风格，日式房间原本的样子得到了淋漓尽致的展现。

现代化的日式房间适合使用没有包边的榻榻米。此外，还有不用灯芯草而用和纸制作的和纸榻榻米。与灯芯草制作的榻榻米相比，和纸做的榻榻米不容易滋生螨虫和霉菌，不易被宠物抓坏，即使弄脏了也可以轻易地擦拭干净，在各个方面都有优势。另外，榻榻米的颜色除了灯芯草的绿色外，还有茶色、粉色、藏青色、灰色等丰富的颜色，可以用来进行现代化改造。

这样可以使日式房间更好地融入客厅、餐厅的现代风格中，有孩子和宠物的家庭也可以放心使用。

► 日式房间适合搭配"粗腿家具"

日式房间适合高度偏低、桌腿偏粗的家具。

在日式房间，人们需要长时间坐在榻榻米上，使用低矮的家具才不会让人有压迫感。

此外，榻榻米有弹性，也较为柔软，但家具久放后会留下凹陷的痕迹。因此，比起细脚的家具，更推荐在榻榻米上使用粗腿的家具。家具与榻榻米的接触面积越大，榻榻米的受力就越分散，凹陷痕迹才不会明显。

► 用布取代窗户纸来张贴拉门

纸拉门有很多优点，它可以适当地遮挡阳光，透气性也非常好。但对于有孩子和宠物的家庭来说，拉门上的窗户纸经常会被弄得破破烂烂。

如果窗户纸破了，那就用布来取代吧。将与拉门同尺寸的布从里面用图钉固定，也可以使用布用的双面胶来固定。

　　布不会被轻易抓破，也不像窗户纸那样需要一张一张地贴上，即使变脏了，也可以拆下来清洗替换。

　　白色和浅米色的纯色棉麻布，与拉门的窗户纸给人的感觉比较相近，有一种柔和的氛围。不过也可以冒下险，使用带有颜色和图案的布进行装饰。如果在拉门上张贴北欧风格花纹的布，就可以打造出玩心十足的日式房间。

有宠物的房间

"因为养宠物，所以放弃了装饰房间的念头"，有这样想法的人真的非常多。

在这里分享一下能让宠物和主人都舒适生活的室内布局技巧。

➤ 将宠物用品集中放在死角

把宠物用品放在沙发和架子旁边等死角位置。

笼子、猫抓板、猫爬架、宠物厕所、饭盆……宠物用品各种各样。如果将这些物品都放在显眼的地方，一走进房间就会只看到这些东西。

比如，如果在进入客厅的对角位置放置了宠物用的厕所，就需要注意了，因为这意味着房间的主角变成了宠物的厕所。

房间的焦点处（展示位置）应该装饰上可用于展示的物品，所以还是将宠物用品收纳在死角位置吧。

不过，如果是漂亮的猫爬架等可以构成房间画面的宠物用品，即使放在显眼的地方也没有关系。

► "光滑"是清理宠物毛的关键词

宠物掉毛的问题可能是很多宠物爱好者的烦恼吧，因为家中的很多布制品非常容易粘毛。

大家在选择沙发时可以选择皮质、聚酯纤维、尼龙等材质，光滑的材质更不容易粘毛。靠枕和窗帘的布料，也可以按照关键词"光滑"搜索。

► 就算有宠物，也可以在墙壁进行装饰

有的人在家中摆放观赏植物时，因为担心被宠物弄翻，只能放在架子的高处，但这样一来就基本看不见观

赏植物了。

花和植物可能含有对宠物有害的物质，有的人也担心宠物会误食一些小型植物。

不过，如果能将植物装饰在墙壁上，就不存在这样的烦恼了。

咦？墙壁上可以用植物装饰吗？也许你会这样想。

其实现在有不少壁挂式的观赏植物装饰品，网购时也有很多选择。同时大家可以善于利用装饰画、海报、图片等物品，充分把墙面空间利用起来。

► 选择适合宠物的地板和墙壁材料

实木复合地板是当下比较受欢迎的一类复合地板材料，但对于宠物来说太滑了。在来回跑动中，宠物可能因为滑倒造成骨关节和腰部扭伤。所以，地板材料尽量选择可以防止宠物滑倒且不容易抓坏的复合木地板。

如果是租赁或二手房，先观察狗和猫频繁活动的区域。以它们的活动线为中心，加铺一层防滑地垫，这是最省事的方法。

养猫的家庭最头疼的恐怕就是猫咪磨爪子了。很多人养猫后，家里的墙和沙发都变得破破烂烂，让人甚是苦恼。

如何解决猫咪磨爪子的问题呢？方法之一就是在猫爪子能碰到的地方制作腰壁。

腰壁是距离地面约 120cm 的墙壁。按照这个高度粘贴壁板或贴纸，可以防止墙壁受损。木制的壁板和贴纸均可在网上购买。壁纸还有双面胶粘贴的款式，即使是租赁的房间也可以使用。腰壁就算被抓坏了，更换贴纸就可以，安心又省事。如果沙发被抓坏了，则可以用时尚的沙发布盖住沙发。

家具建议选择白色或浅木色的，黑色和焦茶色等深色家具会让抓痕更显眼。

用水空间

住宅里的用水空间是极具生活感的地方，但往往东西较为零碎。在这里，我跟大家分享一些让用水空间看起来简约有格调的诀窍，非常实用。掌握这些诀窍后，即便有客人突然来访也不怕了！

------------------------------ 洗 手 间 ------------------------------

▶ 更换瓶子，增加植物装饰

不管是洗衣液还是洗手液，外包装上总是印着花哨的商品名和图片，看起来离简约风还差那么一点。最好将所有东西都换到其他的瓶子里，但操作起来很麻烦。这种时候不妨试着只替换洗手液。因为洗手液使用频率高，进入视线的概率大，所以替换后的效果也最好。建议选用白色的瓶子，减少物品的颜色，洗手台立马会变得清爽许多，然后再放上一小盆观叶植物，一间干净清爽的洗手间就改造完成了。

▶ 将物品隐藏，或展示

牙刷、牙膏、刷子、剃须刀等具有生活感的物品要尽量藏起来。另一方面，棉棒、化妆棉等物品可以放在玻璃瓶里展示出来，一眼看上去很有格调。最终效果可以参照酒店和餐厅的洗手间。首先要考虑清楚"哪些物品要展示出来"。

厕 所

➤ 在厕所制作一个展示位置

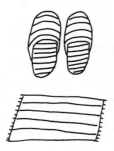

实际上，厕所可能是客人最容易查看的地方。因为这里是客人唯一可以独处的空间。虽然比较狭窄，但厕所里也需要制造一个焦点（展示位置）。最好是在进入厕所后视线所及的正面。另外，可在墙壁贴上带有颜色的壁纸或墙纸，因为墙壁本身也能成为焦点。

➤ 利用篮子收纳

绝对不要将卫生纸连着塑料外包装放在洗手间！如果卫生纸没有收纳的空间，可以放到篮子里，盖上一块布，或者放到带盖的篮子里，感觉立马就不一样了。

另外，把塑料制的纸盒换成篮子，格调瞬间就得到提升。篮子的颜色和材质都非常丰富，可以选择银色、金色等颜色，木质、金属等材质。

➤ 统一色调和材质

将餐具按照颜色和材质，分类收纳
整理。比如，白色的餐具分为一组，木
质的餐具分为一组，玻璃的餐具又分为
一组。网上那些随意摆放都非常有品味
的餐具架，就是利用了这样的共同点。
另外，有意识地纵向排列也很重要。比如，
同款玻璃杯不要横着摆，而是纵向摆放，
看起来会更清爽，使用时也更容易选择。

➤ 将包装时尚的物品摆在一起
展示

平日使用的调味料和干货，最好收
起来，因为这些东西透露着生活感。另
一方面，橄榄油、葡萄酒、醋、番茄酱
等包装具有浓郁外国特色的调味料和罐
头，要放在看得见的地方。谷物和香料
可以放到玻璃瓶里，作为展示的一部分。
这样一来，厨房看起来既美观又整齐。

第 **4** 章

零失败的购物秘诀

有时家中需要添置一些物品？为此，我们将
向大家介绍一下购物时的要点。

最值得花钱和没必要花冤枉钱的地方

前面探讨的问题基本都以"现有的物品"为中心。

可是,我们总会遇到想买东西的时候,如搬家、家里有了新成员、想转换一下心情……

本章会向大家传授零失败购物的窍门。只要肯花钱就能买到优质而时尚的家具和装饰品,这是毋庸置疑的。但是,即使不斥巨资,也能打造出风格独特的房间。

好比不管做什么事,都有需要花费精力和无须耗费精力的时候,改造房屋也是这样。

那么问题来了。

在室内装饰中,最值得花钱购买的物品是什么呢?我认为有三种。

大家可以想一下是哪三种。

沙发？桌子？椅子？

答案是：

❶窗帘

❷灯具

❸小物件

是不是有点意外？

完全不用把钱花在购买沙发、餐桌、椅子等大件家具上。

　　大件家具只要尺寸（宽度和高度）合适，坐着舒服就可以了。即便沙发、桌子有些脏污或破损，铺上沙发套、盖上桌布也就看不见了。但随着家里的人数和年龄的变化，购入新物件是必须的。

　　相比之下，既不想超过预算，又不想房间看起来太廉价，那把钱花在这三件物品上无疑是明智之举。下面我们来一一解释。

❶窗帘

窗帘不一定必须选择高级的进口商品，只要符合窗户的尺寸，简单的款式也可以。

第2章我们也说过，就算是再高级的布料，如果窗帘的长度太长或太短，看起来都会显得廉价。或许你会觉得只不过是窗帘的尺寸不合适而已，没什么影响，但实际上整个房间都会因此变得土气。

因为窗帘的面积很大，占据我们大部分的视野，稍微不注意，整个房间都会受到影响。所以，**如果你的预算有限，应该把钱花在买窗帘上**。

定制1扇窗的窗帘，价格大约在1万日元左右（约650元人民币*），现在价格便宜的窗帘店也越来越多，所以听到"定制"不要立马否定，先仔细研究一下再决定。

❷灯具

关于灯具，我们在第2章、第3章已经谈了许多，可见这是非常重要的物品。

继窗帘之后，最应该花钱购买的物品就是灯具。

灯具本身的尺寸不是特别大。但是，打开灯后会呈

---

*基于1元人民币等于15.3日元的汇率估算，下不赘述。

174

现出什么样的光影效果呢？有的灯能让房间更具立体感，有的灯能让脸看起来更清晰。灯是极具存在感的物品。

除了天花板上的一盏顶灯，还需要在餐厅添加吊灯，其他角落也最好装上台灯、落地灯等。

总之，强烈建议大家试试"一室多灯"的改造方法。

❸小物件

这里所说的小物件是指相框、摆件、靠枕、观叶植物、装饰画、花瓶等装饰时使用的物品。

这些东西绝对算不上必需品，但正因如此才更值得花钱。因为，小物件具有"让视线聚焦"的作用。

特意想展示的物品，如果都是便宜货，会给人留下"只是暂时放在这里"的强烈印象。当然，现在小店里也能买到许多时尚精致的小物件，并不是说所有的便宜货都不行，关键在于如何混搭。

装饰时，可以为一件比较昂贵的物品搭配一件相对便宜的物品。参照第 2 章介绍的法则进行装饰，房间会立马变得非常有格调。每当看到这些装饰品，忙碌的日子都会轻松一点，内心也会越来越丰富。

网购不踩雷

为了避免网购踩雷，在此我向大家介绍几个购物要点。

●尺寸

在网上选购物品时，选对尺寸是最大的难题。即便你对尺寸非常有把握，有时收货后还是会大吃一惊，"比想象中的要大"这种情况，想必你也遇到过吧？

这种时候，能直观地感受尺寸**最有用的东西就是纸胶带**。在网上确认好物品的尺寸之后，按相同的尺寸剪好纸胶带，然后贴到预计摆放的位置。

这样一来，对尺寸就有直观而立体的感受了。

如今有许多带有 AR 功能的手机软件，可以将现实世界的风景，转换成角色的场景。你可以用手机查看自己的房间场景，选择想要购买的家具和尺寸，放到相应的位置后就能确认效果。因为能够事先看到放在房间里的效果，尺寸大小是否符合，所以网购时才不会踩雷。

❷图片

"商品图片挺不错的，但收到的商品与图片不符"，为了避免这种情况发生，你不仅要查看商品的整体图，也要仔细确认多角度的图片，比如细节部分和反面的特写等。

连商品细节图都能清楚呈现出来的商家，才值得信赖。

❸口碑

一定要查看口碑和评价，客观地了解商品的优点、缺点。如果网店的页面上没有评价栏，最好在网上搜索一下，看是否有人反馈了相关信息。

❹样品

有的店家会把沙发、窗帘的布料样品寄给客户。因为有时候布料的实际颜色看起来与图片上的有出入，而且光靠眼睛看很难想象到布料的手感。最好将实际的样品放到房间里确认一下。如果是可以寄送样品的店家，一定要充分利用这样的便利条件。

❺搬运路径和包装尺寸

在购买大型沙发、非组装的床和床垫时，最好也事先确认好搬运路径和包装尺寸。

进门处、走廊、房间门的宽度和高度都要考虑，如果是公寓楼，电梯和外侧楼梯的尺寸也要确认，否则就容易面临好不容易买回的家具却进不了门的困扰。

包装尺寸可在商品的详细信息里查看，通常会比商品的实际尺寸大一圈。这个尺寸也务必事先确认。

了解沙发的尺寸、设计、材质

沙发的尺寸非常大，属于家具中较贵的那一类，所以一旦失败，损失也会很惨重。清楚了解要买的沙发尺寸、设计、材质之后，才能打造出舒适轻松的空间。

| 尺寸 | 一两个人生活：**宽 140 ～ 170cm**
三口之家：**宽 170 ～ 200cm** |

| 价格 | **在 10 万～ 30 万日元（约 6500 ～ 20000 元人民币）之间正合适** |

沙发的价格因材质和设计而异，在 5 万～ 300 万日元（约 3200 ～ 200000 元人民币）不等。昂贵的沙发使用的是最高档的皮革。综合比较沙发的设计、性能、价格后，性价比最高的应该是 10 万～ 30 万日元（约 6500 ～ 20000 元人民币）的沙发。

款式简单的沙发就可以

- -

建议选择款式简单的沙发。**米褐色系、茶色系、灰色系属于不会出错的选择。**

想要多一些变化、多一些个性的话，你可以在靠枕上花些心思。根据当下的心情和季节更换靠枕套，轻松营造出不同的氛围。

腈纶、涤纶等合成纤维的沙发布更耐脏

- -

除了棉、麻、羊毛等自然材质的沙发布之外，混有腈纶、涤纶等合成纤维的沙发布不仅更耐脏，还不沾水，万一有什么东西洒到沙发上，也不怕弄湿。

皮革沙发尽显高级感，但夏天会粘着皮肤，冬天又太冷，请慎重考虑后再购买。

介意沙发弄脏的朋友，建议选择可更换沙发套的款式，这种款式带有拉链或魔术贴，很容易就能取下来，弄脏之后送到洗衣店清洗即可。而且有些沙发套可以自己在家清洗，非常方便。**从保养的角度考虑，相比于皮革沙发，我更推荐可以替换沙发套的布艺沙发。**

如何选购餐桌

　　"相比客厅，家人和客人更多时候会聚集在餐厅"，"除了吃饭之外，还会用餐桌来办公、学习"，如果你的家庭属于这种情况，最好选择小型沙发，将餐桌的尺寸放大一些。另外，经常有客人到访的家庭，建议选择可以延伸的折叠桌子，尺寸可以伸缩，更加实用。

尺寸　一个人生活：**70cm×70cm　75cm×75cm**
两个人生活、三口之家：**150cm×85cm**

　　吃饭时，平均每人占到的空间是长60cm、宽40cm。餐桌都是基于这个数值制作的。

　　如果是一个人生活，小型的正方形餐桌就可以了。最小的尺寸为60cm×60cm，但尺寸稍微大一些，如

70cm × 70cm、75cm × 75cm 的餐桌，用起来会更方便。

如果是两个人生活或者是三口之家，一般建议选择适合四人的长方形餐桌。在每人占到的空间基础上再放宽一些，长度为 135 ～ 180cm 左右的餐桌更为舒适。如果是六人桌，还有长度为 200cm 的餐桌可供选择，推荐访客较多的家庭使用。

桌子的纵深最好是在 85cm，这样空间更大。

通常餐桌的高度都在 70 ～ 72cm。不过，国外的桌子通常是 75cm。我以前为一位客户做过室内装饰的搭配，当时选择的进口桌子太高，锯掉 3cm 的桌脚后才交付到客户手里。餐桌是每天都会使用的家具，**几厘米的差异都会影响使用时的体验感，严格把握尺寸能避免失败**。

此外还要考虑到拉开椅子时所需的空间距离。

| 价格 | 10 万～ 20 万日元（约 6500 ～ 13000 元人民币）的餐桌最受欢迎 |

餐桌价格跨度非常大，从 1 万日元（约 650 元人民币）到 100 万日元（约 65000 元人民币）以上的都有。桌面用料如果是大理石、天然木等高级材质，价格自然昂贵。

餐桌是手经常会触碰到的家具，所以越是挑剔"手感"，越是能购买到满意度高的餐桌。10 万～ 20 万日元（约 6500 ～ 13000 元人民币）的餐桌在日本的购买率最高。

设计 **方形餐桌比圆形餐桌更合适**

- -

长方形和正方形的桌子能完美地与墙面贴合，相对来说不占空间。

圆形餐桌的魅力在于所有人都围坐在一起，十分温馨。但是，椅子拉出来后会呈放射状排列，比想象的更占空间。如果餐厅宽敞倒是推荐圆形餐桌，反之最好还是避开圆形餐桌。

餐椅与餐桌的高度差在 28cm 左右

根据餐桌选择餐椅。正如第 3 章所谈到的，餐椅不成套也是一种选择。餐椅可以两把相同，也可以四把都不同，这样反而能体现不俗的时尚感。

尺寸 ▶ 寻找与桌子的高度差在 28cm 左右的椅子

购买餐椅的时候，需要注意二者的高度差。**这里的高度差是指餐桌面距离椅子面的差值**。这个差值控制在 27～30cm 为宜。

你有没有在餐厅、咖啡馆遇到过坐着不太舒服的椅子？

这是因为相对于桌子的高度而言，椅子太矮；或者相对于桌子的高度而言，椅子太高。前者的高度差较大，后者的高度差太小。

如果高度差较大，吃饭时手腕的位置过高，姿势会变得不自然；相反，如果高度差较小，身子又会前屈，姿势不舒服，而且大腿也会很难受。

我的建议是桌椅之间的高度差最好在 28cm 左右。我们家的餐桌高 71cm，椅子面高 43cm，高度差为 71cm-43cm=28cm，非常舒适。

购买桌子与椅子这类配套的餐厅家具时，一定要考虑到高度差。如果是分开购买，千万记得检查每把椅子面的高度，确认高度差是否在合理的范围内。

另外，椅子自身的宽度也很重要，太宽会导致椅子无法放进桌脚之间，或是与相邻的椅子离得太近。

以四人餐桌为例，两把椅子并排摆放时中间要留出 40 ～ 50cm 的距离，这样当人坐下时才不拥挤。

价格　把更多的预算放在椅子上，而不是桌子上

在预算有限的情况下，餐桌与椅子应该优先选择哪个？这是不少人的烦恼。因为椅子是供人坐的家具，从尺寸、舒适度的角度考虑，最好选择质量好的款式。

另一方面，餐桌只要尺寸合适，可以先将就着用。综合考虑，应该优先把预算放到自己喜欢的椅子上。

注意电视柜的尺寸和散热性

电视柜不单单是用于放置电视，还会用来收纳蓝光播放器、DVD 播放机、游戏机等。虽然越来越多的人会选择壁挂式的电视，但就收纳而言，有电视柜还是更方便一些。

尺寸 **42 寸电视：宽 120cm**
55 寸电视：宽 150cm

因为需要将电视放到电视柜上，所以，应根据电视的大小选择电视柜的宽度。

电视柜的宽度大致分为 **120cm、150cm、180cm 三种**。

检查有没有散热的地方

摆放蓝光播放机、DVD 机、游戏机的部分有两种款式：带玻璃门和完全敞开式。完全敞开式的价格要低一些，缺点是容易堆积灰尘。

机器设备发热相当厉害。如果关上玻璃门，热散不出来反而对机器不好，所以建议大家选择电视柜上方和背面有散热孔的款式。

茶几要根据沙发的尺寸选择

　　这里的茶几是指放在沙发前的矮桌子。不过，沙发前并非一定要放茶几。关键要看使用者平时在客厅都做些什么。如果在客厅的时间很少，没有茶几也可以。或者用尺寸较小的边几取代尺寸较大的茶几。

　　尺寸 ▶ **根据沙发的尺寸选择茶几就绝不会失败**

　　不要单独考虑茶几的尺寸，而是相对于沙发的大小而言，这一尺寸是否合适？ 重点在于保持茶几与沙发之间的平衡感。这样选购的茶几就绝不会失败。

　　双人位沙发：适合宽 80cm × 纵深 50cm 的茶几。

三人位沙发：适合宽 100cm × 纵深 50cm 的茶几。

茶几的高度适合比沙发垫稍微矮一些，控制在 33 ～ 38cm。

如果是边几，最好选择 40cm × 40cm、50cm × 50cm，可以摆放马克杯、书、遥控器等，高度建议在 45 ～ 55cm。

价格 **3 万日元（约 1950 元人民币）左右就能买到简约时尚的茶几**

床的高度和床垫的质量

选购床最基本的原则就是根据自己的身材、喜好选择。需要注意，床本身的颜色、材质会直接影响到房间给人的印象。

尺寸 ▸ **高 45cm 的床方便站起来**

从床的尺寸角度来划分，床可以分为单人床、双人床等。

其中，单人床的宽度为 100cm，小双人床的宽度为 120cm，标准双人床的宽度为 150cm，大双人床的宽度为 180cm，特大双人床的宽度为 200cm。一共可分为五种，床的长度都是 200cm。最好根据自己的身材，按照自己的喜好来选床。

床的高度大多距离地面 30 ～ 50cm，建议大家选择高度在 45cm 左右的床，这样最容易站起来。

我住国外的酒店时，总会测量一下床的高度，基本上都在 70cm 左右。这与日本的床相差还是挺大的。床高一些，确实会有高级感，但对于家用而言，可能有点过高了。

价格 ▶ **把钱花在床垫上，而不是床架**

床架与质量参差不齐的床垫导致床的价格各异。

床垫直接影响睡眠，所以挑选时尽可能多地货比三家。便宜的床垫需要 2 万日元（约 1300 元人民币）就可以买到，像高级酒店那样的床垫大概在 50 万日元（约 32400 元人民币）左右。

床架不用买那么贵的，大多数人购买的床架和床垫，加起来在 20 万～ 30 万日元（13000 ～ 20000 元人民币）。

如果床架还结实，那就没有更换的必要，时不时确认一下螺丝是否松动就可以了。

床垫则不一样。根据制造商的说法，床垫的使用寿命"最长 10 年"。不但腰和屁股所在的中间部分会凹陷下去，还嘎吱嘎吱作响。如果你最近睡眠质量不错但还是觉得疲惫，可能就要更换床垫了。松懈的床垫同样会造成肩痛、腰酸、失眠等身体不适。

此外，定期变换床垫的方向，正面反面翻转，也可以延长床垫的寿命。不要长时间压在同一位置，经常立起来晒干，这些都是让床垫更耐用的秘诀。

选购书架的要点

目前，开放式（没有门）的书架是市场上的主流。在选择高度逼近天花板的书架时，必须要考虑到该如何应对书架倒塌、书本掉落的情况。

尺寸 ▶ **纵深 30 ～ 35cm 的书架最方便**

书架的宽度和高度最好适合自家的需求，请先测量好尺寸，再选择书架吧。

不过，从纵深的角度来说，也有万无一失的尺寸。书架太深的话，用起来不方便，所以纵深最好在30 ～ 35cm。A4 纸大小的文件、稍微大一些的外文书、相册等都可以放进去。

- -

如果书架的高度逼近天花板，收纳空间自然会增大，用起来非常方便。但是，为了防止因地震导致书架倒塌、书本掉落，最放心的办法是用 L 型支撑架将书架牢牢地固定在墙面上。

如果不方便在出租屋的家具或者墙上打孔，可以选择专门防止物品倒塌的配件，但**千万不要用白色的支撑棒**。要不然，再有格调的房间都会黯然失色。

现在，用木板固定在天花板和书架间的一体式书架非常受欢迎。这种书架风格简约，用于支撑的配件不突兀，就像定制的一样天衣无缝。

除此以外，还有防掉落的胶带，可用来固定书架，乍看之下像透明胶一样呈半透明状，表面经过特殊的加工。书放好后，将这种胶带贴到书架的前端，就能防止书本掉落。

窗帘的尺寸、颜色、材质

正如前面提到的，窗帘能够决定房间给人的印象。选择不同颜色、材质、花样的窗帘，直接影响到房间的整体感。

尺寸 ▶ 匹配窗户的尺寸是先决条件

前面已经多次提到，窗帘一定要匹配窗户的尺寸，这是重中之重。

另外，有一种专门将下摆放长的拖地窗帘。不但具有防寒的作用，而且看起来就像裙子的下摆一样蓬松，能营造出优雅温柔的氛围。

POINT!
窗帘的测量方法

①测量宽度

窗帘轨道的左右两端都有固定扣（挂窗帘扣的地方），测量其中一个固定扣中心到另一个固定扣中心的距离。

②测量长度

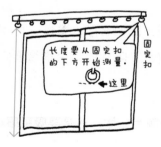

测量固定扣挂环下方距离地面的长度。
如果是落地窗则减去 1cm。
蕾丝窗帘则还要再减去 1cm，总共减去 2cm。如果是齐腰窗*，在固定扣到窗框之间距离的基础上增加 15～20cm。

* 齐腰窗：窗户的下端与腰的高度相当。

我偶尔会向客户提出拖地窗帘的方案，但这种长度要充分考虑到房间给人的整体印象和平衡感。

价格 ➤ **1 扇窗户 1 万日元起（约 650 元人民币）**

- -

如果窗帘加上窗帘轨道，1 扇窗户的价格在 1 万日元（约 650 元人民币）以上。如果选用国外的高级布料，1 扇窗户的价格则高达 50 万日元（约 32500 元人民币）左右。愿意花多少钱、把钱花在什么地方，每个人想法不同。但从室内设计师的立场来看，用质感出众的布料制作出来的窗帘自然更好看，日常生活也会因此而变得轻松快乐。

每天都会看到的空间，比如客厅、餐厅，可以选择自己喜欢且质量较好的窗帘。卧室的窗帘稍微便宜一点也没关系。

设计 ➤ **到底是与房间融为一体，还是要吸引眼球**

- -

正如我们在第 2 章所谈到的，如果想让房间看起来宽敞明亮，那就选择白色、米褐色。窗帘与墙面的颜色保持一致，让窗帘融入房间。

如果想彰显个性，那就选择颜色、图案大胆的窗帘。与此同时，房间内摆放的小物件和绘画等，至少要有1种颜色与之呼应才不会出错。

其他

如果是可以洗涤的布料，先将钩子取下来，沿褶皱折好，放入洗衣袋内。清洗时，把洗衣机调至手洗模式、轻柔模式。钩子不取下来的话，在清洗的过程中会刮到布料，所以务必要记得取下来。

干洗窗帘时，钩子不用取下来，直接挂在窗帘轨道上清洗即可。窗帘本身的重量会让洗涤时产生的褶皱消失。烘干机会造成布料缩水，最好不要使用。

地毯要比沙发稍宽

在第 2 章的**准则 15** 中我们提到过，如果房间铺上地毯，给人的印象立马会不一样。只是，地毯的尺寸、颜色、图案多种多样，很多人实在不知道该选哪一种好。以下是购买时需要注意的一些要点。

尺寸 **比沙发稍微宽一点**

一般地毯的尺寸为：

小 ➡ 100cm × 140cm

中 ➡ 140cm × 200cm

大 ➡ 200cm × 200cm

基本上**比沙发稍微宽一点的地毯，看起来更具平衡感。**

有时候，孩子会一边看电视，一边在地板上打滚、玩耍。如果是这样的家庭，建议选用比沙发大一些，可以覆盖整个客厅的 200cm×200cm 的地毯。

如果沙发前有茶几，用 140cm×200cm 的地毯就挺合适。

房间不太大，打算铺在两人位的沙发前面，那选择 100cm×140cm 的地毯绝对不会错。

长条形地毯铺在与沙发平行的位置，平衡感最佳。

设计 ▶ **万无一失的颜色：灰色、米褐色**

- -

选择地毯颜色的关键有两点：

❶接近于地板的颜色。

❷与沙发套的颜色相同。

犹豫不决的时候，选择灰色或米褐色系的纯色地毯一定没错。

此外，带有图案、颜色鲜艳的地毯能让地板看起来更具视觉冲击力，起到收缩空间的作用。

在选择带有图案的地毯时，要注意与周围的其他物品和颜色结合，这与寻找物品间的共同点的方法相同。如果含有与沙发、窗帘、靠枕相同的颜色，地毯就不会显得太突兀。

　　另外，除了方形以外，地毯还有多种形状。没有棱角的圆形、椭圆形给人印象比较柔和，非常适合用于孩子的房间。

为房间添一盏灯

　　前面提到灯具，参照"一室多灯"的原则。

　　很多家庭都是只有天花板的顶灯，这种情况下，我们先试着增加一件灯具。如果需要另行购买，我推荐夹子式的聚光灯或台灯。很多外观设计时尚的灯具都很便宜，请结合自己想要的效果，为房间增添一盏灯吧。

　　如果摆放餐桌的位置没有灯光，我推荐大家试试射灯。可以同时将多盏射灯安装在有轨道的任意位置，相当方便。射灯在网上就能买到，安装方式也非常简单，不需要专门的施工，还能滑动，而且可以根据家具的位置调节光线。

正确挑选挂钟，提升家装格调

挂在墙壁上的钟表，到底该怎么选？许多人都拿不定主意。看到自己喜欢的款式，买回来才发现不合适，可能有点大，或者跟房间的风格不搭，又或者是太孩子气。一个挂钟就有可能成为室内设计的败笔。

但是，想要提高房间的格调，挂钟是不可或缺的装饰品。

尺寸	13m² 左右的房间，适合直径 26cm 的挂钟 30m² 左右的房间，适合直径 30cm 的挂钟

选择比想象中小一些的挂钟，看起来会更具时尚感。

如果担心不合适，购买前可以用报纸剪出大小与实物相同的圆形，放在墙壁对应的位置，试着看看效果如何。

　　翻阅国外的室内装饰照片时，总能看到用挂钟做核心装饰物的房间。特意将巨大的挂钟安装在房间的中心位置，十分气派。不过，这些都属于高手的杰作。

　　大家在刚开始装饰房间时，还是根据房间的大小来选择挂钟的尺寸吧。

推荐购物清单

家具	
Cassina ixc	意大利的高级家具制造商
Arflex Japan	高档时尚家具的顶级制造商
Actus	简约风的家具和小物件
Noyes	沙发专卖店，价格实惠、品质出色
IDEE	汇集各种设计感十足的家具和小物件
Sarah Grace	汇集各种优雅而富有质感的家具和小物件
HAY	颇受关注的北欧品牌，都是一些价格实惠、品位不凡的家具和小物件，人气相当高
Herman Miller	伊姆斯休闲椅之类的设计师品牌家具，种类丰富
家具藏	用无瑕疵木料制作、能够感受到木头温度的家具
MARUNI 木工	精雕细刻凝聚匠人技艺的实木家具
Conde House	旭川家具的中心，可以购买到高品质的实木家具
Kartell	意大利的塑料家具制造商，设计风格另类
moda en casa	价格实惠，可以购买到当下最流行的时尚家具和小物件
日本 Bed	主营床架、床垫、床上用品，种类丰富
Crush Gate	适合复古风、工业风等偏硬朗的室内装修风格
Journal Standard Furniture	时尚的室内装饰品店
MOMO natural	汇集各种温馨、简约自然的家具和小物件
Kino	大人想要购买童趣家具和小物件时的首选
无印良品	简单永远不过时的设计，极富魅力
IKEA	瑞典品牌，能买到色彩缤纷、设计巧妙的家具和小物件
尼达利	汇集一切居家物品

小物件

The Conran Shop	由特伦斯 · 康兰爵士从世界各地严选出来的各种高品质家居物品
Francfranc	可以购买到价格实惠的潮流可爱家居物品
Zara Home	时尚品牌"Zara"旗下的居家商店
东京堂	市场上很少见到的人造花（假花）、永生花，品种丰富多样
MAISON DE FAMILLE	可以购买到法式家具和小物件

窗帘

Fisba	瑞士的高端品牌，能在这里买到质量上乘的布料
MANAS TRADING	海外进口的高档布料和壁纸，原创商品同样漂亮
山月	出售窗帘、壁纸等家居用品的综合性店铺，室内装饰业界最大的制造商
川岛织物 Selkon	风格从休闲到复古，不拘一格的制造商

灯具

Louis Poulsen	北欧制造商的代表，灯具的功能出色、外型美观
FLOS	意大利品牌，灯具前卫个性
Tom Dixon	英国品牌，灯具极富设计感，相当独特
DI CLASSE	汇集多种价格实惠、设计感十足的灯具

钟

Takata Lemnos	大多是简约时尚的设计
渡边力	日本产品设计师的代表，简单不烦琐的挂钟相当受欢迎
George Nelson	灿烂的太阳挂钟和球形挂钟极负盛名

TITLE: [今あるもので「あか抜けた」部屋になる]
BY: [荒井 詩万]
Copyright © Arai Shima, 2019
Original Japanese language edition published by Sanctuary Publishing Inc.
All rights reserved. No part of this book may be reproduced in any form without the written permission of the publisher.
Simplified Chinese translation rights arranged with Sanctuary Publishing Inc., Tokyo through NIPPAN IPS Co., Ltd.

本书由日本 sanctuary 授权北京书中缘图书有限公司出品并由河北科学技术出版社在中国范围内独家出版本书中文简体字版本。
著作权合同登记号：冀图登字 03-2020-203
版权所有·翻印必究

图书在版编目（CIP）数据

室内设计准则 /（日）荒井诗万著；何凝一译. ——
石家庄：河北科学技术出版社，2022.7
　　ISBN 978-7-5717-1122-1

　　Ⅰ.①室… Ⅱ.①荒… ②何… Ⅲ.①室内装饰设计
Ⅳ.① TU238.2

中国版本图书馆 CIP 数据核字 (2022) 第 081197 号

室内设计准则

[日] 荒井诗万　著　　何凝一　译

策划制作：北京书锦缘咨询有限公司（www.booklink.com.cn）
总 策 划：陈　庆
策　　划：宁月玲
责任编辑：刘建鑫
设计制作：刘岩松

出版发行　河北科学技术出版社
地　　址　石家庄市友谊北大街 330 号（邮编：050061）
印　　刷　河北文盛印刷有限公司
经　　销　全国新华书店
成品尺寸　142mm×210mm
印　　张　6.5
字　　数　78 千字
版　　次　2022 年 7 月第 1 版
　　　　　　2022 年 7 月第 1 次印刷
定　　价　59.80 元